**Roland Meissner**

# Darstellung der Allgemeinen Feldtheorie in ihrer einfachsten Form auf der Basis der dialektischen Logik und Herleitung des Teleronki-Modells

## Grundlagen der neuen Physik

GRIN Verlag

**Bibliografische Information der Deutschen Nationalbibliothek:**

Die Deutsche Bibliothek verzeichnet diese Publikation in der Deutschen Nationalbibliografie; detaillierte bibliografische Daten sind im Internet über http://dnb.d-nb.de/ abrufbar.



**Impressum:**


Druck und Bindung: Books on Demand GmbH, Norderstedt Germany
ISBN: 978-3-656-38664-3

**Dieses Buch bei GRIN:**

http://www.grin.com/de/e-book/210548/darstellung-der-allgemeinen-feldtheorie-in-ihrer-einfachsten-form-auf-der

Roland Meissner

# Grundlagen der neuen Physik

## Darstellung der Allgemeinen Feldtheorie in ihrer einfachsten Form auf der Basis der dialektischen Logik und Herleitung des Teleronki-Modells

$$\vec{F} = m\vec{a}\sqrt{1 - \frac{a}{a_{max}}}$$

Wer das nicht versteht, muss sich qualifizieren;
wer die Qualifiktion nicht will, muss zum Arbeitsamt.
Roland Meissner

Roland Meissner

# Grundlagen der neuen Physik
Darstellung der Allgemeinen Feldtheorie in ihrer einfachsten Form auf der Basis der dialektischen Logik und Herleitung des Teleronki-Modells

Sammelband mit folgendem Inhalt:

Die Begrenzung der Beschleunigung und ihre Folgen

Die GAUßsche Zahlenebene und die Symmetrie
Darstellung der Allgemeinen Feldtheorie in ihrer einfachsten Form auf der Grundlage der dialektischen Logik

Teleronki, Rotverschiebung und genetisches Element
Die Grundbausteine der unbelebten und belebten Natur

Das duale Prinzip (Dialektik)

Zur Diskussion über die rückläufige Zeit

Die Grenze des Wachstums
Der Kollaps der Wachstumsfunktion

# Grundlagen der neuen Physik
# Darstellung der Allgemeinen Feldtheorie in ihrer einfachsten Form auf der Basis der dialektischen Logik und Herleitung des Teleronki-Modells

## Prolog

Nach 30 jähriger Forschungsarbeit (vom Sommer 1982 bis Sommer 2012) kann ich nun die lange gesuchte Allgemeine Feldtheorie vorlegen. Da sich keine Institution fand, die diese Arbeit betreute, habe ich sie und die Übersetzungen von meiner Rente finanziert.
Es hat sich herausgestellt, dass man das Problem nicht auf der Basis der formalen Logik lösen kann. Die Quantelung des Gravitationsfeldes ist nicht machbar, weil Quantenelektrodynamik und Gravitation durch völlig verschiedene mathematische Funktionen dargestellt werden müssen, die aber einen gemeinsamen Punkt besitzen. Hier greift das Grundgesetz der Dialektik „Einheit und Kampf der Gegensätze".
Die durch den Punkt vereinten Gegensätze oder Widersprüche bilden also als Ganzes eine Einheit.
Ausgehend von der Begrenzung der Beschleunigung ergeben sich aus FIG 1, S. 14 zwei Ansatzpunkte: Einmal ergibt die Entwicklung der Symmetrie, die im FIG 1 deutlich zu erkennen ist, die Allgemeine Feldtheorie. Zum anderen haben die Funktionen im Punkt $x=x_0$ endliche Intergrale, die zur Entwicklung des Teleronki-Modells führen.
Beide Entwicklungen werden gesondert dargestellt. Dabei sind Wiederholungen unvermeidlich.
Als Grundlage des gesamten Buches gilt der Satz:

*Bei Erreichen jeder Art der Höchstgeschwindigkeit wird die Beschleunigung identisch gleich Null.*

Durch die Begrenzung der Beschleunigung wird das Unendliche weitgehend aus der Physik ausgeschlossen. Das Unendliche wird wie folgt definiert:

*Das Unendliche besteht aus unendlich vielen Endlichkeiten.*

Damit ist das Unendliche eine reine mathematische Zahl ohne Maßeinheiten und hat in der Physik als messender Wissenschaft nichts zu suchen.
Da es zum Thema keine Literatur gibt, musste alles außer der Geschichte der Elementarteilchen und dem Standardmodell erfunden werden, was die Lektüre erschwert. Die etwas langweiligen Herleitungen, die für die Beweisführung erforderlich sind, kann man bei der ersten Lektüren übergehen, wenn man den Ergebnissen glaubt.
Das Buch ist praktisch redundanzfrei geschrieben.

Halle-Neustadt, im September 2013 Dr. rer. nat. Roland Meissner

# Inhalt

# Die Herleitung der relativistischen Kraftgesetze und ihre Folgen

## 1 Einführung

Abweichend von den üblichen Theorien, die im Wesentlichen von *J. Bublath* [1] aufgelistet werden, werden hier nach der Black-Box-Methode (Probierglas) neue Erkenntnisse gewonnen. An zahlreichen Beispielen wird der Realitätsbezug dieser Erkenntnisse nachgewiesen (s. Tab. 3).
Anhand der Elementarteilchen wird nachgewiesen, dass man mit diesem völlig neuen Ansatz zum ersten Mal die Masse der kleinen Elementarteilchen sehr genau berechnen kann.
Insbesondere das Standard-Modell wird kritisiert, weil nach diesem Modell die Masse nicht berechnet werden kann und stabile Atomkerne nicht möglich sind.
In dieser kurzen Abhandlung können selbstredend nicht *alle* Probleme der Physik angesprochen bzw. gelöst werden.
Auch das Urknallmodell wird kritisiert und eine Alternative vorgeschlagen.
Auf dem Gebiet der Atomphysik wird Auf der Grundlage des Teleronki-Modells das Schalenmodell von Proton und Neutron entwickelt, was zu einer neuen Betrachtung der Bindungsverhältnisse (Massendefekt) im Atomkern führt. Die Literaturstelle [2] stellt einen Vorläufer dieses Buches dar.
Das Planckmassemodell wurde auf der Grundlage der Frage von *M. Planck*: „Wie groß muss die Masse sein, die die Kraftwirkung einer Elementarladung ausgleicht?" entwickelt. Die so berechnete Masse hat die Größenordnung von $10^{-9}$ kg, unvorstellbar groß gegenüber der Masse des Elektrons ($10^{-30}$ kg). Sie muss in kleinere Teilchen zerfallen (so genannte X-Teilchen). Wegen dieser großen Masse, die nicht experimentell verifizierbar ist, hat man so genannte Supersymmetrien entwickelt, was auf einem Kongress beschlossen wurden.
Auch diese Supersymmetrien sind z. Z. experimentell nicht verifizierbar. Falls sie wirklich existieren, müssten sie bald auf den umgebauten großen Beschleunigern nachgewiesen werden können.
Auf dem Planckmassenmodell basiert auch die Urknalltheorie, die z. Zt. allgemein anerkannt wird. Nach dieser Theorie soll das Proton instabil sein, was experimentell nachweisbar wäre. Im angegebenen Bereich wurde diese Instabilität aber nicht nachgewiesen.
Bisher sind alle Versuche fehlgeschlagen, das Elektron in kleinere Bestandteile aufzuspalten. Daraus folgt, dass das Elektron das kleinste massive Elementarteilchen ist.
Deshalb erlaubt sich der Autor eine andere Frage zu stellen: „Wie groß muss der Koeffizient $G$ sein, damit die Elektronenmasse mit der Elementarladung kompatibel wird? (ähnlich, wie bei der Feinstrukturkonstanten)", oder, mit anderen Worten gefragt: „Wie kann man die spezifische Ladung des Elektrons berechnen".
Dieser Ansatz führt zu neuen, überraschenden Ergebnissen.
Es wurde großer Wert darauf gelegt, dass die Berechnungen *durchgehend* mit dem experimentellen Befund übereinstimmen (s. Tabelle 3).
Die wichtigste Schlussfolgerung dieser Arbeit ist die Abtrennung des stabilen Periodensystems der Elemente von den instabilen künstlich erzeugten Elementarteilchen.

# 2 Darstellung der physikalischen Grundgrößen als universelle Naturkonstanten

## 2.1 Ausgangsgleichungen

Grundthese dieser Arbeit ist, dass die Beschleunigung genauso wie die Lichtgeschwindigkeit

eine obere Grenze hat und dass zwischen Beschleunigung und Massendefekt ein enger Zusammenhang besteht.
Newton geht in seiner Physik von der Bewegungsmenge aus. Das ist ein Begriff, der in der Umgangssprache nicht vorkommt und vorerst unverständlich ist
Inertialsysteme werden hier nicht behandelt, da es keinen Unterschied zwischen träger und schwerer Masse gibt..
Hier soll der allgemein verständliche Satz gelten:

*Bei Erreichen jeder Art der Höchstgeschwindigkeit wird die Beschleunigung identisch gleich Null,*

aus dem das gesamte Buch hergeleitet wird (Allgemeine Feldtheorie, Teleronki-Modell).
Auch bei Erreichen der Lichtgeschwindigkeit muss die Beschleunigung identisch gleich Null sein. Die Lichtgeschwindigkeit ist eine Konstante, und das Differential einer Konstanten ist bekanntlich identisch gleich Null. Ein weiterer Geschwindigkeits*zuwachs* ist nicht möglich. Zwischen dem Koordinatenursprung und der Lichtgeschwindigkeit muss also die Beschleunigung ein *endliches* Maximum haben.
Diese Hypothese wird in Abschnitt 4 ausführlich bewiesen.
Deshalb wird davon ausgegangen, dass die mechanische Arbeit (Energie) mit dem Energie-Massen-Äquivalent aus der Speziellen Relativitätstheorie (SRT) in Zusammenhang gebracht werden kann. Es soll gelten:

$$m_0 a_{max} x_0 = m_0 c^2 = F_0 x_0 = E_0 \qquad (2.1.1)$$

$m_0$ : Elementarmasse $a_{\max}$: maximale Beschleunigung; $x_0$ : Grenzlänge; $F_0$ : Grenzkraft; $E_0$ : Grenzenergie
In Gleichung (2.1.1) wird zum ersten Mal auch die Beschleunigung begrenzt. Eine derartige Begrenzung ist in der klassischen Physik nicht möglich und kommt auch in der SRT sowie in der Allgemeinen Relativitätstheorie (ART) nicht vor. Auch in der Quantentheorie wird die Beschleunigung nicht begrenzt.
Die Begrenzung der Beschleunigung gemäß Gleichung (2.1.1) zieht sofort nach sich, dass auch der Weg $x$ begrenzt sein muss. Das besagt, dass von einer punktförmigen Elementarmasse Abstand genommen werden muss.
Nach den bisherigen Erkenntnissen müsste Gleichung (2.1.1) lauten: $m_0 \cdot \infty \cdot 0 = m_0 \cdot c^2$. Diese Unbestimmtheit wird hier beseitigt.
Des weiteren soll gelten:

$$E_0 = \frac{e^2}{4\pi\varepsilon_0 x_0} = \alpha_0 G_N \frac{m_0^2}{x_0} = m_0 c^2 = \text{[illegible]} = G_0 \frac{m_0^2}{x_0} \qquad (2.1.2)$$

Alle mit dem Index 0 bezeichneten Größen sind unbekannte *Konstanten*, die gesucht werden. Bekannt sind $e = 1.60217646 \cdot 10^{-19}$ C - Elementarladung, $\varepsilon_0 = 8.854187817 \cdot 10^{-12}$ $\mathrm{Fm^{-1}}$ - elektrische Feldkonstante, $c = 2.99792458 \cdot 10^{8}$ $\mathrm{ms^{-1}}$ - Lichtgeschwindigkeit im Vakuum, $G_N = 6.67310 \cdot 10^{-11}$ $\mathrm{m^3kg^{-1}s^{-2}}$ Newtonsche Gravitationskonstante, $\alpha = 0{,}00729735254$ - Fein-

strukturkonstante, $\sqrt{\hbar c}$ = 4.45695557·$10^{-13}$ $CF^{-1/2}m^{1/2}$ - Ladung der starken Wechselwirkung in elektrostatischen Einheiten, $h$ = 6.62606876·$10^{-34}$ Js - Plancksches Wirkungsquantum, $\lambda$ - Wellenlänge in m (hier ist $\lambda_0 = x_0$). (Näheres dazu in den Abschnitten 6 und 7.), $G_s$ und $e_s$ - Konstante und Ladung der schwachen Wechselwirkung. Da diese offensichtlich nicht durch universelle Naturkonstanten bestimmt sind, wird darauf im weiteren nicht eingegangen.
Alle experimentellen Werte wurden [3] entnommen.
Durch Probieren wurde der Faktor $a_0$ mit $a_0 = (100\{c\})^4 = 8.07760871\cdot 10^{41}$ festgelegt, wobei $\{c\}$ der Zahlenwert der Lichtgeschwindigkeit ist. Der Faktor 100, der nicht erklärt wird, kommt auch später bei der Berechnung der Feinstrukturkonstanten α vor (s. Gleichung (6.1.1)).
Nun wurde folgender Fakt durch Probieren aufgefunden:

$$\{G_N\}\cdot 100\{c\} = 6.67310\cdot 10^{-11}\cdot(100\cdot 2.99792458\cdot 10^{8}) = 2.00054 \approx 2 \qquad (2.1.3)$$

Hier ist $\{G_N\} = 6.67310\cdot 10^{-11}$ der Zahlenwert der Newtonschen Gravitationskonstanten. Man kann sofort einen leicht korrigierten Zahlenwert der Newtonschen Gravitationskonstanten angeben:

$$\{G_N\} = \frac{2}{100\{c\}} = 6.67128190\cdot 10^{-11} \qquad (2.1.4)$$

Des weiteren kann man die Konstanten $a_0$ und $G_N$ zu $G_e$ zusammenfassen, wobei $G_e$ als elektromagnetische Gravitationskonstante bezeichnet wird.

$$G_e = a_0 G_N = 2(100\{c\})^{-1}(100\{c\})^4 m^3 kg^{-1} s^{-2} = 2(100\{c\})^3 m^3 kg^{-1} s^{-2} = 5.38880048\cdot 10^{31} m^3 kg^{-1} \qquad (2.1.5)$$

## 2.2 Definition der Elementarmasse

Nun gilt gemäß Gleichungen (2.1.2) und (2.1.5)

$$m_0 = \frac{1}{\sqrt{2}}\sqrt{\frac{1}{(100\{c\})^3}}\cdot\frac{e}{\sqrt{[G]\sqrt{4\pi\varepsilon_0}}} = \frac{1}{\sqrt{2}}(100\{c\})^{-3/2}\cdot\frac{e}{\sqrt{[G]\sqrt{4\pi\varepsilon_0}}} = 2.06911676\cdot 10^{-30} kg \qquad (2.2.1)$$

Der Koeffizient vor $e$ hat die mathematische Struktur eines typischen Normierungsfaktors (Exponent 3/2), wie er in der statistischen Physik (Zustandssumme σ) und in der Quantenmechanik (Wellenfunktion ψ) vorkommt. Bleibt nur noch zu klären, was $1/\sqrt{2}$ ist.

Durch Probieren hat es sich als zweckmäßig erwiesen, von einer Wellengleichung auszugehen. Man geht dabei von der einfachsten Gleichung einer stationären Welle aus und erhält die einfachste Form der Wellendifferentialgleichung (Schrödingergleichung)

$$y'' + y = 0 \qquad (2.2.2)$$

mit den Lösungen

$$y = C_1 \cos x + C_2 \cos x \qquad (2.2.3)$$

Aus dem Lösungsspektrum wird folgende Lösung ausgewählt:

$$\cos\frac{\pi}{4} = \sin\frac{\pi}{4} = \frac{\sqrt{2}}{2} = \frac{1}{\sqrt{2}} \qquad (2.2.4)$$

Im Einheitsdreieck ist das das Verhältnis der Kathete zur Hypotenuse. Somit ist $\frac{1}{\sqrt{2}}$ ebenfalls ein Normierungskoeffizient. Damit sind Masse und Ladung aufeinander normiert. Man kann nun die Ruhemasse der gesuchten Elementar- bzw. Urmasse angeben:

$$m_0 = \frac{e}{\sqrt{G_e}} \cdot \frac{1}{\sqrt{4\pi\varepsilon_0}} = 2.06911676 \cdot 10^{-30} kg \qquad (2.2.5)$$

## 2.3 Physikalische Grundgrößen

Bleibt nun noch $x_0$ , $a_{\max}$ und $t_0$ sowie $F_0$ und $E_0$ zu bestimmen. Aus Gl. (2.1.2) erhält man

$$G_e \frac{m_0^2}{x_0} = m_0 c^2 \qquad (2.3.1)$$

und folglich:

$$x_0 = G_e \frac{m_0}{c^2} = 1.24001120 \cdot 10^{-15} m \qquad (2.3.2)$$

Unter Verwendung von $c = x_0 / t_0$ erhält man für $t_0$

$$t_0 = \frac{x_0}{c} = 4.13823352 \cdot 10^{-24} s \qquad (2.3.3)$$

Des weiteren erhält man für die maximale Beschleunigung

$$a_{max} = \frac{c}{t_0} = 7.24445183 \cdot 10^{31} ms^{-2} \qquad (2.3.4)$$

Daraus ergibt sich für die Kraft

$$F_0 = m_0 a_{max} = 1.49896229 \cdot 10^{2} N \qquad (2.3.5)$$

sowie für die Energie

$$E_0 = F_0 x_0 = 1.85962940 \cdot 10^{-13} J \qquad (2.3.6)$$

Damit sind alle gesuchten physikalischen Grundgrößen bestimmt (s. Tabelle 3).
Die Masse $m_0$ kann man auch als reduzierte Planckmasse bezeichnen. Zum Planckmasse-Modell (s. [4]) kommt man, wenn man in Gleichung (2.2.5) $G_e$ durch $G_N$ ersetzt. Dort werden die Grundgrößen $a_{\max}$ , $F_0$ und $E_0$ nicht berechnet.

## 2.4 Neue Darstellung physikalischer Größen

Man kann nun im Prinzip *jede* physikalische Größe (phG) wie folgt darstellen:

phG = $phG_0 \cdot f(X, Y, Z, T, M)$,
(2.4.1)

wobei $X = x/x_0$ , $Y = y/y_0$ , $Z = z/z_0$ , $T = t/t_0$ und $M = m/m_0$ ist. Auf diese Weise kann man eine Trennung von Physik (Maßeinheiten) und Mathematik (reine Zahlen) durchführen.

## 2.5 Das maßeinheitsfreie Differential in der Physik

Auch das Differential lässt sich nun wie folgt maßeinheitslos darstellen:

$$dx = x_0 dx \frac{x}{x_0} \qquad (2.5.1)$$

Da nun jede physikalische Grundgröße ($phG_0$) durch die beiden universellen Naturkonstanten $e_0$ und $c$ dargestellt werden kann, sind auch diese Grundgrößen *universelle* Naturkonstanten.

## 2.6 Die neue Dimension von Masse und Ladung

Es ist allgemein bekannt, dass es keinen Unterschied zwischen träger und schwerer Masse gibt. Das hat zur Folge, dass die Gravitationskonstante, die wie folgt definiert ist

$$G_N = \frac{F_0^{inert}}{F_0^{grav}} \qquad (2.6.1)$$

keine Maßeinheit haben muss.
Wenn man für die Trägheitskraft

$$F_0^{inert} = m_0 a_{max} \qquad (2.6.2)$$

und für die Gravitationskraft

$$F_0^{grav} = \frac{m_0^2}{x_0^2} \qquad (2.6.3)$$

setzt, erhält man:

$$G_N = \frac{F_0^{inert}}{F_0^{grav}} = m_0 a_{max} \cdot \frac{x_0^2}{m_0^2} = \frac{a_{max}}{m_0} x_0^2 \qquad (2.6.4)$$

Wenn nun $G_N$ maßeinheitslos ist, muss $m_0$ folgende Maßeinheiten haben

$$[m] = \frac{m^3}{s^2} \quad bzw. \quad \dim m_0 = \frac{L^3}{T^2} \qquad (2.6.5)$$

Daraus folgt, dass die Masse keine unabhängige physikalische Maßeinheit besitzt.

Es soll angemerkt werden, dass das 3. Kepplersche Gesetz die gleiche Dimension hat.
Man kann nun definieren:

*Masse ist das Produkt aus Raum und Winkelbeschleunigung*

oder ganz allgemein:

*Die Masse ist eine besondere Erscheinungsform von Raum und Zeit.*

Sie ist offensichtlich irgendein Raum-Zeit-Wirbel, der verdichtet (kondensiert) oder aufgelöst (verdampft) werden kann.
Da nun Masse und Ladung gemäß Gl. (2.2.1) aufeinander normiert sind, hat die Ladung $e_0$ (in elektrostatischen Einheiten) bei maßeinheitsloser Gravitationskonstanten die gleiche Maßeinheit wie die Masse

$$\dim e_0 = \dim m_0 = L^3 \cdot T^{-2} . \qquad (2.6.6)$$

Die Ladung in elektrostatischen Einheiten ist also auch irgend ein Raum-Zeit-Wirbel, der aber nicht kondensiert werden kann.
Da ein Umrechnungsfaktor in Gl. (2.6.4) nicht auftritt, kann man die Masse weiterhin mit kg bezeichnen, wenn man beachtet, dass diese Maßeinheit nicht unabhängig ist.
Die für die elektrische Ladung und die Masse oben aufgestellte Dimension gilt auch für die Ladung der starken und schwachen Wechselwirkung in elektrostatischen Einheiten.

## 2.7 Das universelle Kraftgesetz

Man hat nun zwei unabhängige Maßeinheiten $[x_0]$ und $[t_0]$, die durch zwei fundamentale

universelle Naturkonstanten ($\pm e$ und $+c$) bestimmt werden. Wenn man in Gl. (2.3.5) $G_e = 1$ setzt, kann man ein universelles Maßsystem begründen, in dem das Kraftgesetz lautet:

*Die vierte Potenz der Lichtgeschwindigkeit ist gleich der Kraft, die eine Elementarmasse maximal beschleunigt.*

Bei variabler Geschwindigkeit (s. Gl. (2.3.5)) erhält man die Kraft

$$F = F_0 \frac{v^4}{c^4} = \frac{v^4}{G_E}, \qquad (2.7.1)$$

die Masse in Energie umwandelt (annihiliert). Für das zur Zeit übliche Planck-Masse-Modell erhält man dann

$$F_{PM} = F_0 \frac{v^4}{c^4} = \frac{v^4}{G_N} \qquad (2.7.2)$$

Diese Kraft ist durch die Lichtgeschwindigkeit begrenzt.

### 2.8 Strom, Spannung und Dichte in neuen Maßeinheiten

Gemäß Abschnitt 2.6 erhält man nun

$$\dim F = \dim ma = \frac{l^3}{t^2}\cdot\frac{l}{t^2} = \dim\frac{m^2}{r^2} = \dim\frac{e^2}{r^2}\cdot\frac{1}{4\pi\varepsilon_0} = \frac{l^6}{t^4}\cdot\frac{1}{l^2} = \frac{l^4}{t^4} = \dim v^4 \qquad (2.8.1)$$

Für die Dimension des Stromes erhält man

$$\dim I = \dim\frac{e}{t\sqrt{4\pi\varepsilon_0}} = \frac{l^3}{t^2}\cdot\frac{1}{t} = \frac{l^3}{t^3} = \dim v^3 \qquad (2.8.2)$$

und für das Potential oder die Spannung

$$\dim U = \dim\frac{e}{r\sqrt{4\pi\varepsilon_0}} = \frac{l^3}{t^2}\cdot\frac{1}{l} = \frac{l^2}{t^2} = \dim v^2$$
(2.8.3)

Daraus folgt für den elektrischen Leitwert $G = I/U$

$$\dim G = \frac{\dim I}{\dim U} = \frac{\frac{l^3}{t^3}}{\frac{l^2}{t^2}} = \frac{l}{t} = \dim v \qquad (2.8.4).$$

Es ergibt sich so eine Folge abfallender Potenzen der Geschwindigkeit.
Die Dichte hat dann die Dimension

$$\dim \rho = \frac{m}{r^3} = \frac{l^3}{t^2}\cdot\frac{1}{l^3} = \frac{1}{t^2} \qquad (2.8.5)$$

Das ist die Dimension der Winkelbeschleunigung $\alpha$ ($\dim\alpha$).
Beim Kugelkreisel, auf dessen Oberfläche Lichtgeschwindigkeit nicht überschritten werden darf, wird dann die Dichte um so größer, je größer die Winkelbeschleunigung ist.

## 3 Verbale Beschreibung eines Elementarprozesses (Bewegung zweier dreidimensionaler Kugelkreisel)

Nun wird ein Elementarprozess in Form eines Gedankenexperiments beschrieben.
Gegeben seien zwei Elementarmassen, die eine dreidimensionale Drehbewegung ausführen (Kugelkreisel). Sie sollen sich lediglich dadurch unterscheiden, dass die eine rechtsdrehend und die andere linksdrehend ist. Auf der Oberfläche wird Lichtgeschwindigkeit erreicht. Grundbedingung für alle Arten der Bewegung ist hierbei, dass in allen Punkten der Oberfläche in alle Richtungen Lichtgeschwindigkeit angestrebt wird. Das ist aber bei einem Kugelkreisel für die Pole der Drehachse nicht möglich, so dass die rotierende Bewegung nicht stabil ist. Damit auch die Pole der Drehachse Lichtgeschwindigkeit erreichen, ist der Kugelkreisel bestrebt, in die Translation überzugehen. Bei der Translation würden aber andere Punkte der Kugeloberfläche die Lichtgeschwindigkeit überschreiten, was auch nicht möglich ist. Die Translation bedingt die Abbremsung der Rotation und geht am Ende wieder in Rotation über. Auf Grund der Instabilität der Rotation entsteht eine Beschleunigung, die auf den gemeinsamen Mittelpunkt der Elementarmassen gerichtet sein soll. Beim Berühren der Elementarmassen soll die Translation Lichtgeschwindigkeit erreichen und dabei in eine

Drehbewegung der Teilchen umeinander übergehen. Da eine solche Bewegung immer eben ist, erreichen nicht alle Punkte der Oberfläche Lichtgeschwindigkeit. Damit das geschieht, muss in Richtung z-Achse Translation mit Lichtgeschwindigkeit einsetzen; die Elementarmassen bewegen sich auf Spiralen entlang der z-Achse. Da dieser Zustand wiederum instabil ist, entfernen sich die Elementarmassen von einander. Wenn der Abstand des Ausgangszustandes erreicht ist, wird die Translation abgebremst, wobei die Drehbewegung wieder hergestellt wird. Die Bewegung kann nun von Neuem beginnen.
So funktioniert in etwa ein elektrischer Schwingkreis.

# 4 Anwendung der Grundgrößen

## 4.1 Das Wesen des Massendefektes

Nach der SRT wird bei Erreichen der Lichtgeschwindigkeit die Masse unendlich groß, während bei der Annihilation, wenn sich Elektron und Positron im freien Fall aufeinander zu bewegen, wobei ebenfalls Lichtgeschwindigkeit erreicht wird, die Masse verschwindet. Dieses Paradoxon soll hier dadurch gelöst werden, dass bei Erreichen der *maximalen Beschleunigung* sowohl im freien Fall als auch bei der Rotation die Masse verschwindet.
Eine variable, nicht messbare physikalische Größe wird nun wie folgt definiert. Es soll sein (s. Gl. 2.4.1)

$$A = \frac{a}{a_{max}}, \tag{4.1.1}$$

wobei $a$ eine Beschleunigung darstellt, die sich im Bereich

$$0 \leq a \leq a_{max} \tag{4.1.1a}$$

ändern kann. Nun wird vorausgesetzt, dass beim Erreichen der maximalen Beschleunigung die Masse verschwindet (Massendefekt). Es wird eine Bewegungsmasse $M$ (annihilierte Masse) wie folgt definiert:

$$M = m_0 \frac{\frac{a}{a_{max}}}{\sqrt{1-\frac{v^2}{c^2}}} \tag{4.1.2}$$

Diese Masse wird nun als Term zur Massebeziehung der SRT eingeführt. Man erhält somit

$$m = \frac{m_0 - M}{\sqrt{1-\frac{v^2}{c^2}}} = \frac{m_0 - m_0\frac{a}{a_{max}}}{\sqrt{1-\frac{v^2}{c^2}}} = m_0 \frac{1-\frac{a}{a_{max}}}{\sqrt{1-\frac{v^2}{c^2}}} \tag{4.1.3}$$

Wie man leicht erkennt, wird die Masse *m* bei konstanter Beschleunigung $a = const. < a_{max}$ wie gewohnt unendlich groß. Wenn aber die Beschleunigung das Maximum erreicht, *verschwindet* die Masse, wie dieser Vorgang bei der Annihilierens von Elektron und Positron beobachtet wird.
Wenn gleichzeitig $a = a_{max}$ und $v = c$ ist, erhält man eine Unbestimmtheit, die aufgelöst werden kann, wenn $v^2 = x_0 a$ und $c^2 = x_0 a_{max}$ gesetzt wird (s. Gl. (2.1.1)):

$$m = m_0 \frac{1-\frac{a}{a_{max}}}{\sqrt{1-\frac{a}{a_{max}}}} = m_0\sqrt{1-\frac{a}{a_{max}}} \qquad (4.1.4)$$

Die Beziehung $v^2=x_0a$ ist die Bedingung dafür (freier Fall), dass bei der Annihilation von Elektron und Positron unter Berücksichtigung der SRT die Ruhemasse verschwindet (Massendefekt).
Wenn nun Gleichung (4.1.4) in die Beziehung für das NEWTONsche Kraftgesetz eingesetzt wird, erhält man

$$\vec{F} = m_0\vec{a}\sqrt{1-\frac{a}{a_{max}}} = m_0 a_{max}\frac{\vec{a}}{a_{max}}\sqrt{1-\frac{a}{a_{max}}} = F_0\frac{\vec{a}}{a_{max}}\sqrt{1-\frac{a}{a_{max}}} \qquad (4.1.5)$$

für eine beliebige Ruhemasse $m$ gilt

$$\vec{F} = F_0\frac{m\vec{a}}{m_0 a_{max}}\sqrt{1-\frac{a}{a_{max}}} = m\vec{a}\sqrt{1-\frac{a}{a_{max}}} \qquad (4.1.5a)$$

Für die *effektive* Beschleunigung $a_{eff}$ gilt dann

$$\vec{a}_{eff} = \vec{a}\sqrt{1-\frac{a}{a_{max}}} \qquad (4.1.5b)$$

Aus Darstellung in **FIG 1** erkennt man, dass die effektive Beschleunigung ein endliches Maximum hat, was zu beweisen war.
Das ist die Formulierung des Kraftgesetzes für den in Abschnitt 3 dargestellten Elementarprozess. Es ist sofort erkennbar, dass beim Erreichen der maximalen Beschleunigung die Kraftwirkung in Richtung dieser Beschleunigung verschwindet.
Die maximale Beschleunigung $a_{max}$ wird für die Lichtgeschwindigkeit als Höchstgeschwindigkeit berechnet. Es gibt aber noch andere Arten der Höchstgeschwindigkeit, die wesentlich kleiner ist als die Lichtgeschwindigkeit. So erreicht man beim Auto beim Durchdrücken des Gaspedals bis zum Bodenblech auch Höchstgeschwindigkeit, und das in jedem Gang. Auch die schildkröte hat eine Höchstgeschwindigkeit usw. Allen diesen Höchstgeschwindigkeiten kann ein individuelles $a_{max}$ zugeordnet werden..

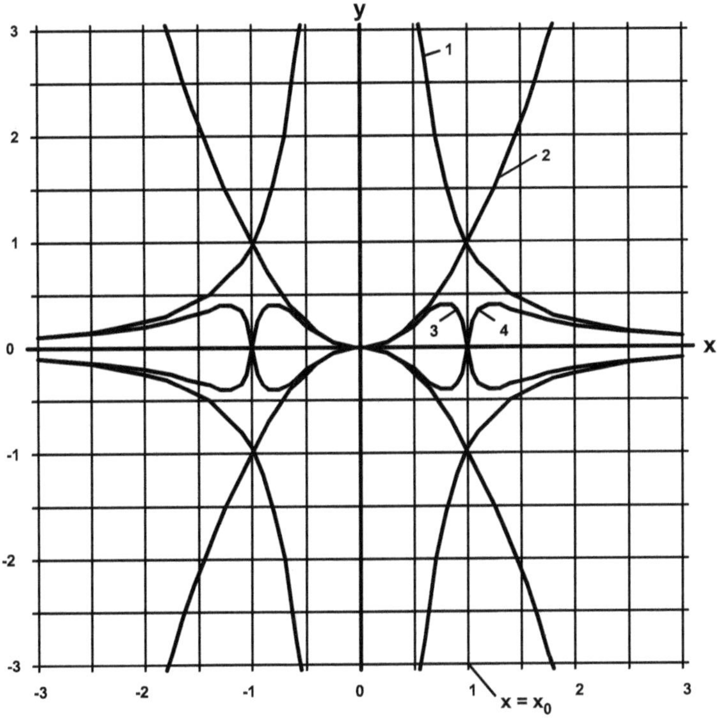


**FIG 1.** Darstellung der Funktionen (4.1.10) und (4.1.11) in der Umgebung des Punktes x= $x_0$,
Funktionen: 1: $y = \pm\frac{1}{x^2}$; 2: $y = \pm x^2$; 3: $y = \pm x^2\sqrt{1-x^2}$, 4: $y = \pm\frac{1}{x^2}\sqrt{1-\frac{1}{x^2}}$

Bei *Kamke* [5] findet man nun folgende Differentialgleichungen

$$y^2 y'' = 1 \qquad (4.1.6)$$

für den freien Fall (Zentralkraft) und

$$y'' = y^2 \qquad (4.1.7)$$

für die Rotation. Man kann nun

$$y'' = \frac{a}{a_{max}} \quad und \quad y = \frac{x}{x_0} \qquad (4.1.8)$$

für die Zentralkraft sowie

$$y'' = \frac{a}{a_{max}} \quad und \quad y = \frac{x}{x_0} \qquad (4.1.9)$$

für die Rotation setzen. Man erhält dann die Kraftbeziehung für den freien Fall

$$F_{frT} = F_0 \frac{x_0^2}{x^2} \sqrt{1 - \frac{x_0^2}{x^2}} \qquad (4.1.10)$$

und die Kraftbeziehung für die Rotation

$$F_{Rot} = F_0 \frac{x^2}{x_0^2} \sqrt{1 - \frac{x^2}{x_0^2}} \qquad (4.1.11)$$

Diese Abhängigkeiten sind in FIG 1 dargestellt.

## 4.2 Die sphärisch-hyperbolische Symmetrie (Transformation)

Auf den ersten Blick scheinen die beiden Kraftformeln unsymmetrisch zu sein, denn sie haben zwei völlig unterschiedliche Definitionsbereiche ($0 \leq x \leq x_0$ und $x_0 \leq x \leq \infty$). Wenn man aber die maßeinheitslose Zahl $x/x_0$ bzw. $x_0/x$ nimmt, sind die Definitionsbereiche symmetrisch. Es gilt beispielsweise

$$x/x_0 = 0{,}25 = x_0/x = 1/4 \qquad (4.2.1)$$

Im Prinzip kann man also jedem geraden Maßstab zwischen 0 und 1 einen reziproken Maßstab zuordnen. Diese Art der Symmetrie, die als sphärisch-hyperbolisch bezeichnet wird, wird von *F. Klein* ausführlich *geometrisch* behandelt [6].
Gemäß dieser Symmetrie ist der Mittelpunkt der Kugel das *Spiegelbild* der Gesamtmenge der unendlich fernen Punkte und umgekehrt: Die Gesamtmenge der unendlich fernen Punkte ist das Spiegelbild des Mittelpunkts der Kugel.
Man kann nun folgendes Theorem formulieren:

*Der Kreis ist eine imaginäre Hyperbel, und die Hyperbel ist ein imaginärer Kreis.*

Dieses Theorem lässt sich leicht beweisen.
Gegeben sei die Gleichung des Einheitskreises

$$y^2 + x^2 = 1 \qquad (4.2.2)$$

und der dazu gehörigen Hyperbel

$$y^2 - x^2 = 1 \qquad (4.2.3)$$

Setzt man nun $+1 = -i^2$ ($i = (-1)^{1/2}$ : imaginäre Einheit) und $-1 = +i^2$, so erhält man für die Hyperbel

$$y^2 - (ix)^2 = 1 \qquad (4.2.4)$$

und für den Kreis

$$y^2 + (ix)^2 = 1 \qquad (4.2.5)$$

Das entspricht einer Drehung von 90° ($\pi/2$) in der GAUßschen Zahlenebene. q.e.d.

Dieser Zusammenhang wird in **FIG 1** (s. S. 14) dargestellt; dort sind Kreis und Hyperbel zusammengedrückt. Daraus bildet sich dann eine Art Tropfen. Beim freien Fall schließt sich der Tropfen im Unendlichen, bei der Rotation im Koordinatenursprung.
Diese Art Symmetrie kann man auch auf Differentialgleichungen anwenden.
Gegeben seien die symmetrischen Differentialgleichungen II. Ordnung

$$y'' \pm y = 0 \qquad (4.2.6)$$

mit den Lösungen

$$y+ = C_1 e^{ix} + C_2 e^{-ix} \qquad \text{(Wellenfunktion, Quantenmechanik)} \qquad (4.2.7)$$

und

$$y- = C'_1 e^{x} + C'_2 e^{-x} \qquad \text{(Exponentialfunktion, Thermodynamik)} \qquad (4.2.8)$$

Beide Lösungen lassen sich durch eine Drehung in der GAUßschen Zahlenebene um 90° (π/2) ineinander transformieren.
Auch die Differentialgleichungen IV. Ordnung sind im obigen Sinne symmetrisch, beispielsweise

$$y^{(4)} \pm y = 0 \qquad \text{(Differentialgleichung des schwingenden Stabes).} \qquad (4.2.9)$$

mit den Lösungen

$$y+ = C_1 e^{\frac{1+i}{\sqrt{2}}x} + C_2 e^{\frac{1-i}{\sqrt{2}}x} + C_3 e^{-\frac{1+i}{\sqrt{2}}x} + C_4 e^{-\frac{1-i}{\sqrt{2}}x} \qquad (4.2.10)$$

und

$$y- = C_1 e^{ix} + C_2 e^{-ix} + C_3 e^{x} + C_4 e^{-x} \qquad (4.2.11)$$

Hier werden die beiden Lösungen durch eine Drehung in der GAUßschen Zahlenebene um 45° (π/4) ineinander überführt.
Durch die Anwendung der EULERschen Formeln

$$e^{ix} = \cos x + i \cdot \sin x \qquad (4.2.12)$$

und

$$e^{x} = \cosh x + \sinh x \qquad (4.2.13)$$

kommt man zu den bei *Kamke* [5] angegebenen zyklischen und hyperbolischen Funktionen.
Die gesamte GAUßsche Zahlenebene wird durch die folgenden Differentialgleichungen erfasst:

$$y'' - py = 0 \qquad (4.2.14)$$

mit

$$p = \rho^2 (\cos\varphi + i \sin\varphi)^2 \qquad (4.2.15)$$

und

$$y = C_1 [\cosh(\rho\cos\varphi)\cos(\rho\sin\varphi) + \sinh(\rho\cos\varphi)\cos(\rho\sin\varphi)]$$
$$+ C_2 [\cosh(\rho\cos\varphi)\sin(\rho\sin\varphi) + \sinh(\rho\cos\varphi)\sin(\rho\sin\varphi)] \qquad (4.2.16)$$

$$\rho = 0 \qquad (4.2.17)$$

$$y = C'_1 \cdot x + C'_2 \qquad (4.2.18)$$

$$\varphi = 0, \pi \tag{4.2.19}$$
$$y = C_1 \cosh x + C_2 \sinh x \tag{4.2.20}$$

$$\varphi = \frac{\pi}{2}, \frac{3}{2}\pi \tag{4.2.21}$$

$$y = C_1 \cos x + C_2 \sin x, \tag{4.2.22}$$

Mit

$$y^{(4)} - py = 0 \tag{4.2.23}$$

sowie

$$p = \rho^4 (\cos\varphi + i \sin\varphi)^2 (\cos\varphi - i \sin\varphi)^2 \tag{4.2.24}$$

erhält man

$$y = C_1 \cosh\rho\,(\cos\varphi) \cos\rho(\sin\varphi) + C_2 \cosh\rho(\cos\varphi) \sin(\rho \sin\varphi) + C_3 \sinh\rho\,(\cos\rho) \cos\rho\,(\sin\varphi) + C_4 \sinh\rho\,(\cos\varphi) \sin\rho\,(\sin\varphi) \tag{4.2.25}$$

$$\rho = 0 \tag{4.2.26}$$

$$y = C_1 x^3 + C_2 x^2 + C_3 x + C_4 \tag{4.2.27}$$

$$\varphi = 0,\ \pi/2,\ \pi,\ 3\pi/2 \tag{4.2.28}$$

$$y = C_1 \cosh \rho x + C_2 \sinh \rho x + C_3 \cos \rho x + C_4 \sin \rho x \tag{4.2.29}$$

Diese Differentialgleichungen mit ihren Lösungen werden bei *Kamke* [5] nicht angegeben. Sie stellen die elementarmathematische Grundstruktur der gesuchten Weltformel dar, da *alle* Zahlen der Gaußschen Zahlenebene erfasst werden (s. a. Teil 2).
Die Differentialgleichung IV. Ordnung wird hier deshalb so ausführlich behandelt, weil in den Gleichungen (2.3.5), (2.3.6) und (2.8.1) die Geschwindigkeit in der 4. Potenz vorkommt. Es besteht hier offensichtlich ein Defizit der theoretischen Physik, die diese Differentialgleichung nicht behandelt, obwohl bei der Stringtheorie ein Ansatz gegeben wäre (Man kann den Faden als schwingenden Stab behanden). Darüber hinaus gibt es die Differentialgleichung der schwingenden Kugelschale, eine Differentialgleichung 3. Ordnung. Die Differentialgleichung einer schwingenden Kugelmembran habe ich nicht gefunden. Sie gibt aber auch oder kann leicht hergeleitet werden.
Es gibt also neben der Schrödingergleichung auch noch andere Differentialgleichungen, mit denen man Schwingungen und Wellen beschreiben kann..
Auf der Grundlage dieser Symmetrie muss jede Ruhemasse (Kugelkreisel) eine endliche, von Null verschiedene Ausdehnung haben, unabhängig davon, ob diese Ausdehnung experimentell festgestellt werden kann oder nicht. Der Grenzbereich an der Oberfläche des Kugelkreisels wird aber wegen der teilweisen Annihilation weniger massiv sein, als sein Zentrum.
Die bis hierher durchgeführten Berechnungen sind auch im Planck-Masse-Modell machbar. Man erhält ebenfalls dieselbe Grafik, wie in **FIG 1** dargestellt, weil die Größe $x_0$ unabhängig von ihrem Zahlenwert ist. $x_0$ darf nur nicht Null oder Unendlich werden ($0 < x_0 < \infty$).

Im Weiteren wird die Elementarmasse $m_0$ asymmetrisch in die Elektronenmasse $m_e$ und die Teleronkimasse $m_t$ geteilt. Diese beiden Massen lassen sich, wie gezeigt wird, in das Periodensystem der Elemente einordnen, was mit der Planck-Masse nicht möglich ist.

## 4.3 Energie- und Massebeziehungen

Durch Integration der Gleichungen (4.1.10) und (4.1.11) erhält man die Energie

$$E_{frF} = \frac{1}{2} E_0 \frac{x_0}{x} \left( \sqrt{1 - \frac{x_0^2}{x^2}} + \arcsin \frac{x_0}{x} \right) \qquad (4.3.1)$$

und

$$E_{rot} = -\frac{1}{8} E_0 \frac{x}{x_0} \left[ \left( \frac{2x^2}{x_0^2} - 1 \right) \sqrt{1 - \frac{x^2}{x_0^2}} + \arcsin \frac{x}{x_0} \right], \qquad (4.3.2)$$

wobei nach Gl. (2.1.1) $E_0=F_0x_0=m_0a_{max}x_0=m_0c^2$ ist. Da arcsin $x$ eine periodische Funktion ist, nimmt man hier den Hauptwert (Arcsin $x$).
Im Punkt $x = x_0$ erhält man

$$E_{frF} = \frac{\pi}{4} E_0 \qquad (4.3.3)$$

und

$$E_{rot} = \frac{\pi}{16} E_0. \qquad (4.3.4)$$

Während im Punkt $x = x_0$ die Kraftwirkungen von $F_{rot}$ und $F_{frF}$ gleich sind und verschwinden, erreichen $E_{rot}$ und $E_{frF}$ unterschiedliche Extremwerte und ergeben in der Summe die Energie des Elementarsystems im Punkt $x = x_0$

$$\sum E = E_{frF} + E_{rot} = \frac{\pi}{4} E_0 + \frac{\pi}{16} E_0 = \frac{5\pi}{16} m_0 c^2 \qquad (4.3.5)$$

Das ist die Rotationsenergie eines dreidimensionalen Kugelkreisels, wie in Abschnitt 3 beschrieben.
Für die annihilierte Masse oder Bewegungsmasse $m_B$ erhält man dann

$$m_B = \frac{\sum E}{c^2} = \frac{5\pi}{16} m_0 \qquad (4.3.6)$$

Es soll die Ruhmasse der Drehachse berücksichtigt werden. Wenn man beachtet, dass die Pole der Drehachse Ruhepunkte sind und lediglich durch die anderen beiden Drehrichtungen bewegt werden, kann man folgenden Korrekturterm ($KT$) finden

$$KT = \frac{\sum E}{m c^2} \cdot \frac{P_n}{\omega} \left( 1 - \frac{\sum E}{m c^2} \cdot \frac{P_n}{\omega} \cdot A_n \right) \qquad (4.3.7)$$

$P_n$: Anzahl der Pole ($P_n = 2$); ω: Raumwinkel (Oberfläche der Einheitskugel; $\omega = 4\pi$); $A_n$: Anzahl der Drehachsen ($A_n = 2$)
Nach Einsetzen der angegebenen Werte erhält man

$$KT = \frac{5\pi}{16} \cdot \frac{2}{4\pi} \left( 1 - 2 \cdot \frac{5\pi}{16} \cdot \frac{2}{4\pi} \right) m_0 = \frac{55}{512} m_0 = [illegible]\, m_0 \qquad (4.3.8)$$

und für die Bewegungsmasse $m_B$

$$m_B = m_0\left(\frac{3\pi}{16} - \frac{15}{512}\right) = 0.55975174\, m_0 = 1.15819171 \cdot 10^{-30}\,kg \qquad (4.3.9)$$

Die Ruhmasse $m_R$ ergibt sich als Differenz zur Gesamtmasse $m_0$ aus

$$m_R = m_0\left(1 - \frac{3\pi}{16} + \frac{15}{512}\right) = 0.44024826\, m_0 = 0.910925053 \cdot 10^{-30}\,kg \qquad (4.3.10)$$

Beim Vergleich von $m_R$ mit der Elementarteilchentabelle [7] kann man feststellen, dass der berechnete Wert im Rahmen des experimentellen Fehlers mit dem experimentellen Wert der Ruhmasse $m_e$ des Elektrons übereinstimmt ($m_e(\exp) = 0{,}91093819 \cdot 10^{-30}$ kg). Daher kann man $m_R \equiv m_e$ setzen. Der Wert $m_B$ ist also der annihilierte Teil von $m_0$.
Für $m_B$ findet man zwar keinen Wert in der Elementarteilchentabelle, man kann aber einen Vergleichs-Wert aus experimentellen Daten errechnen. Es ist

$$m_B(\exp) = 0{,}5(m_n - m_p) = 1{,}1527 \cdot 10^{-30}\text{ kg}\,. \qquad (4.3.11)$$

Hier sind $m_n$ - Ruhemasse des Neutrons und $m_p$ - Ruhemasse des Protons (s. Tab. 3).
Somit ist der experimentelle Wert für $m_0$

$$m_0(\exp) = 0{,}5[m_n(\exp) - m_p(\exp)] + m_e(\exp) = 2{,}0637 \cdot 10^{-30}\text{ kg} \qquad (4.3.12)$$

Wenn man die Bewegungsmasse $m_B$ kondensiert und $m_e$ annihiliert, so erhält man ein neues Teilchen mit der Ruhemasse $m_B = m_t = 1{,}15819171 \cdot 10^{-30}$ kg.
Mit $m_t$ wird nun die Ruhemasse des *Teleronki* bezeichnet. Dieser Begriff wird aus dem Begriff "Elektron" abgeleitet, in dem man *t* und *k* nach außen bringt und ein *i* anhängt. Analog entsteht aus "Positron" die Bezeichnung *Iposronti*. Da die Masse $m_t$ in der Nähe des Maximums der Kraft gemäß (4.1.10) und (4.1.11) liegt, bilden Teleronki und Iposronti offensichtlich sehr fest gebundene Dipole, die als *Teleronkidipol* bezeichnet werden. Die Bindungsenergie dieser Dipole beträgt zwei Elektronenmassen. Die Quanten dieser Wechselwirkung kann man auch als eine Art Gluonen bezeichnen.
Durch die Massen $m_t$ und $m_e$ wird die Masse $m_0$ *asymmetrisch* geteilt.

## 4.4 Das Schalenmodell von Proton und Neutron

Die bisher bekannten Elementarteilchenmassen sind *nicht* ganzzahlig im Neutron oder Proton enthalten. Die Probe mit den neu berechneten Elementarmassen $m_0$ und $m_t$ ergibt

$$\frac{m_n}{m_0} = \frac{1674.9286 \cdot 10^{-30}\,kg}{2.06911788 \cdot 10^{-30}\,kg} = 809.48625 \qquad (4.4.1)$$

$$\frac{m_p}{m_0} = \frac{1672.6231 \cdot 10^{-30}\,kg}{2.06911788 \cdot 10^{-30}\,kg} = 808.37467 \qquad (4.4.2)$$

$$\frac{m_n}{m_t} = \frac{1674.9286 \cdot 10^{-30}\,kg}{1.15819171 \cdot 10^{-30}\,kg} = 1446.1571$$
(4.4.3)

$$\frac{m_p}{m_t} = \frac{1672.6231 \cdot 10^{-30}\,kg}{1.15819171 \cdot 10^{-30}\,kg} = 1444.1664$$
(4.4.4)

Zwischen Gleichung (4.4.1) und (4.4.2) ergibt sich eine Differenz $\Delta_1 = 1{,}111585$ und zwischen (4.4.3) und (4.4.4) eine Differenz von $\Delta_2 = 1{,}99068 \approx 2$.
Die erste Rechnung kann verworfen werden. Aus der zweiten folgen die natürlichen Zahlen 1446 und 1444. Die Analyse dieser Zahlen ergibt, dass $1444 = 2^2 \cdot 39^2$ eine Quadratzahl ist.
Durch die Differenz 2 kann man jetzt annehmen, dass Proton und Neutron aus *Teleronki*-Dipolen aufgebaut sind. Das Proton besteht demnach aus 722 und das Neutron aus 723 Dipolen.
Für die Zahl 722 kann man folgende Summenformel aufschreiben

$$S_n = \sum_{n=1}^{n=19}[n^2(n-1)^2] = 722 \qquad (4.4.5)$$

Nun ist aber nach der Formel

$$S_n = \sum_{n=1}^{n=19} 2n^2 \qquad (4.4.5a)$$

das Periodensystem der Elemente aufgebaut. Es besteht, wie man sieht, eine gewisse Ähnlichkeit zwischen den beiden Formeln. Nimmt man nun für das Proton einen derartigen Schalenaufbau an, so besitzt nach Gl. (4.4.5) die 19. Schale $2\cdot(19^2 - 18^2) = 74$ Teleronki-Dipole. Beim Neutron kommt noch ein Dipol auf der 20. Schale hinzu. Da sich der Teleronkidipol auf der 20. Schale des Neutrons relativ frei bewegen kann, hat das Neutron als ungeladenes Teilchen auch magnetische Eigenschaften.
Nimmt man nun den experimentellen Wert des Teleronkis nach Gleichung (4.3.11) als Teiler, so erhält man

$$\frac{m_n}{m_{T(exp)}} = \frac{1674{.}9286\cdot 10^{-30}kg}{1{.}15276\cdot 10^{-30}kg} = 1452.9851 \qquad (4.4.6)$$

und

$$\frac{m_p}{m_{T(exp)}} = \frac{1672{.}6231\cdot 10^{-30}kg}{1{.}15276\cdot 10^{-30}kg} = 1450.9851 \qquad (4.4.7)$$

Das sind auch natürliche Zahlen mit den Werten 1453 und 1451. Man kann mit diesen Zahlen allerdings nichts anfangen.
Die hier entwickelte Theorie ist offensichtlich so genau, dass mit ihrer Hilfe *systematische Fehler* bei *Präzisionsmessungen* nachgewiesen werden können.
Nun sollen die Verhältnisse von Neutron bzw. Proton zum Elektron angegeben werden. Aus den Gleichungen (4.3.9), (4.3.10), (4.4.3) und (4.4.4) erhält man:

$$\frac{m_n}{m_e} = \frac{m_n}{m_T}\cdot\frac{m_T}{m_e} = 1446 \cdot \frac{[\text{illegible}]}{1-[\text{illegible}]+[\text{illegible}]} = 1838.5105 \qquad (4.4.8)$$

Der experimentelle Wert ist: 1838,6836 (s. Tab. 3). Ebenso ist

$$\frac{m_p}{m_e} = \frac{m_p}{m_T}\cdot\frac{m_T}{m_e} = 1444 \cdot \frac{[\text{illegible}]}{1-[\text{illegible}]+[\text{illegible}]} = 1835.9676 \qquad (4.4.9)$$

Der experimentelle Wert ist: 1836,1526 (s. Tab. 3).
Auch die spezifische Ladung des Elektrons kann man nun berechnen. Aus Gl. (4.3.10) und (2.2.5) erhält man

$$\frac{e}{m_e} = \frac{e\sqrt{4\pi\varepsilon_0}}{m_e\left(1-[\text{illegible}]+[\text{illegible}]\right)} = \sqrt{G_e}\,\frac{\sqrt{4\pi\varepsilon_0}}{1-[\text{illegible}]+[\text{illegible}]} = 1.75884554\cdot 10^{11}\,C\,kg^{-1} \qquad (4.4.10)$$

Der experimentelle Wert beträgt $e/m_e(\exp) = 1{,}75882017 \cdot 10^{11}$ $Ckg^{-1}$ (s. Tab. 3). Man sieht hier, dass die Kopplungskonstante $\sqrt{G_e}$ den physikalischen Sinn einer spezifischen Ladung hat.

# 5 Der Massendefekt im Atomkern

Nachdem die inneren Verhältnisse der Elementarteilchen des Periodensystems aufgeklärt wurden, ist noch zu den inneren Verhältnissen des Atomkerns Stellung zu nehmen.
Die wichtigste Erscheinung im Atomkern ist der Massendefekt. Er kann aus dem Schalenmodell von Proton und Neutron erklärt werden, wenn man die überschüssige Ruhmasse des Teleronkis gegenüber der des Elektrons in Betracht zieht. In **FIG 2** ist der Massendefekt der Elemente des Periodensystems in Abhängigkeit von der Kernladungszahl dargestellt. Die experimentellen Daten (Punkte) wurden nach der Atommassentabelle

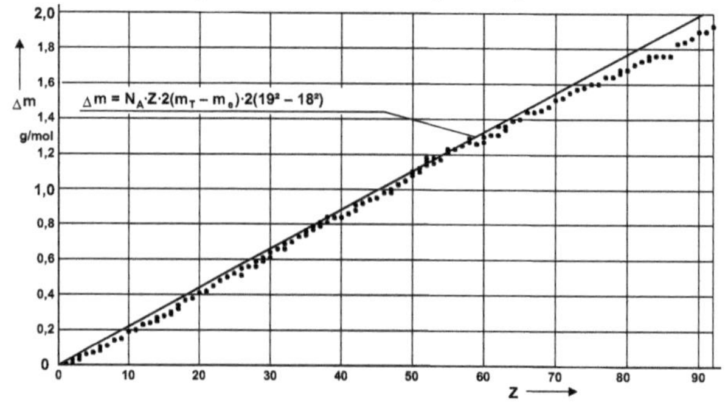


**FIG 2.** Abhängigkeit des Massendefekts (Δm) von der Kernladungszahl (Z) ($m_T = m_t$)

ausgewählter Isotope [3] berechnet. Man kann erkennen, dass sich dieser Massendefekt an der Grenzlinie orientiert

$$\Delta m = N_A \cdot Z \cdot 2(m_t - m_e) \cdot 2(19^2 - 18^2) = 2{,}20383022 \cdot 10^{-2} \qquad (4.1)$$

Z - Kernladungszahl; $m_t$ und $m_e$ – Masse des Teleronkis und des Elektrons und $19^2 - 18^2$ Differenz zwischen letzter und vorletzter Schale im Proton ($\Delta m$: Massendefekt; $N_A = 6{,}0221367 \cdot 10^{23}$ $mol^{-1}$: Avogadrosche Konstante)

Wenn man vom Schalenmodell von Proton und Neutron ausgeht, sind auf der 19. Schale von Proton und Neutron 74 Teleronki-Dipole, mit der negativen Ladung nach außen gerichtet, vorhanden. Die Ladung des Protons befindet sich über dieser Schale, also nicht im Zentrum. Mit dieser Ladung können nun die Neutronen anziehend reagieren und werden so nahe an das Proton herangebracht (ca. $10^{-15}$ m), dass die äußeren Teleronki in Kontakt miteinander treten und Pionen austauschen können. Nun macht sich die abstoßende Wirkung der Dipole bemerkbar, die eine Beschleunigung der Drehbewegung von der Größenordnung $10^{31}$ $m \cdot s^{-2}$ hervorruft. Bei dieser Beschleunigung verlieren die Teleronkipaare die überschüssige Masse gegenüber dem Elektron. Durch Überlappung werden Proton und Neutron aneinander gebunden. Die freiwerdende Energie tritt als Bewegungsenergie des gesamten Systems in Erscheinung.

Das ist offensichtlich die Hauptkomponente des Massendefekts.
Wenn man den Massendefekt auf alle Nukleonen verteilt, bekommt man an Stelle einer geraden eine gekrümmte Linie. Die Proportionalität mit der Kernladungszahl deutet jedoch darauf hin, dass der Massendefekt im wesentlichen zwischen einem Proton und einem Neutron zustande kommt. Bei Z = 1 gibt Gleichung (4.1) den Massendefekt der Verbindung von Proton und Neutron in der Mitte einer unendlich langen Proton-Neutron-Kette an.
Durch ihren überschüssigen Teleronkidipol können auch Neutronen untereinander mit Massendefekt reagieren, wenn sich ein Teleronkiquadrupol bildet.
Außerhalb des Kerns ist das Neutron instabil. Das rührt offensichtlich daher, dass der Teleronkidipol der 20. Schale mit der positiven Seite zum Mittelpunkt des Kerns gerichtet ist. Beim Zerfall wird dann das Elektron nach außen geschleudert, während das Positron nach innen geht und durch Rotation auf der 20. Schale annihiliert wird. Durch das elektrostatische Feld der Protonen im Kern wird der Teleronkidipol um ca. 90° gedreht und dadurch das Neutron stabilisiert. Bei einer Drehung um 180° werden Positronen freigesetzt. Bei anderen Winkeln trägt das Elektron bzw. Positron nur einen Teil der Energie mit sich. Der andere Teil der Energie wird dann als Neutrino abgegeben.
Offensichtlich lässt sich das Teleronki in das Strukturmodell des Periodensystems der chemischen Elemente nahtlos einordnen, wodurch dieses System zu einem abgeschlossenen System wird, das aus zwei Elementarteilchen, dem Elektron und dem Teleronki, besteht.
Es wurde gezeigt, dass man den Atomkern bis in die Einzelheiten anschaulich beschreiben kann. Das Gleiche ist auch mit der Atomhülle machbar, wenn man sich Mühe gibt und nicht fortgesetzt voneinander abschreibt.
Auch Einstein ist angesichts des GOM-Projekts dagehend zu überprüfen, wo er Spinner und wo er Realist ist. Auf dem Gebiet der Zeitdillatation ist er Realist. Diese Sache wird, wenn auch zögerlich, von der Wirtschaft genutzt. Betüglich der imaginären Raumzeit ist er Spinner.

# 6 Das Massenspektrum der Elementarteilchen

## 6.1 Zur Geschichte der Elementarteilchen

Schon die alten Griechen gingen davon aus, dass es Elemente gibt.
Im Jahr 1803 gelang *Dalton* der erste experimentelle Nachweis für die Existenz von Atomen.
Die eigentliche Geschichte der Elementarteilchen beginnt mit der Entdeckung des Elektrons durch *Thomson* im Jahre 1897. Wenig später wurde der Wasserstoffkern als Proton identifiziert und auf dieser Grundlage 1913 das BOHRsche Atommodell entwickelt. 1932 wurde das Neutron entdeckt, wodurch das Atom ein abgeschlossenes Gebilde darstellt.
Andere Teilchen wurden in der Höhenstrahlung entdeckt (Myon, Pion u. a.).
Insbesondere die Entdeckung des Positrons in der Höhenstrahlung 1932 durch *Anderson*, dem ersten Antiteilchen, war von großer Bedeutung, konnte doch dadurch die DIRACsche Theorie über das Vakuum bestätigt werden. Durch die Entwicklung großer leistungsstarker Beschleuniger wurde eine Vielzahl (ca. 200) neuer Elementarteilchen entdeckt.

## 6.2 Das Standardmodell der Elementarteilchen

Die Vielzahl der Elementarteilchen machte es erforderlich, diese in ein System einzuordnen. Alle Versuche, die Teilchen ähnlich dem Periodensystem einzuordnen, scheiterten. 1963 entwickelten *M. Gell-Mann* und *G. Zweig* das Quarkmodell. Quarks sind kleinste Teilchen mit gebrochener Ladung. Diese Teilchen wurden entscheidender Bestandteil des Standardmo-

dells. Es umfasst 6 Leptonen: Elektron (e), Myon (μ) und Tauon (τ) mit ihren Antineutrinos und 6 Quarks: up(u), down(d), strange(s), charm(c), botton(b) und top(t).
Die Hadronen, zu denen die Baryonen und Mesonen gehören, stellt man in unterschiedlichen Quarkkombinationen dar. So bestehen die Baryonen aus 3 und die Mesonen aus 2 Quarks.
Die Einzelheiten über die Quarkkombinationen entnehme man der einschlägigen Literatur (Tabellenwerke der Physik, Lehrbücher, auch Lehrbücher der Anorganischen Chemie).
Man hat versucht, die Mesonen in ihre Bestandteile zu zerlegen, was misslungen ist. Dies bezügliche Versuche wurden eingestellt. Man bezeichnet diese Unteilbarkeit als Quark-Confinement. Dem wird eine Kraft zu Grunde gelegt, die proportional zu $r^{-1}$ ist. Diese Kraft verschwindet zwar im Unendlichen, ihr Potential (~ln*r*) wird dort aber unendlich groß. Dieses Potential wird als Trichterpotential bezeichnet.
Die Eingeschlossenheit des Quarks führt dazu, dass ihre Masse im Massenspektrometer nicht bestimmt werden kann. Es liegen lediglich begründete Schätzungen über deren Masse vor. Das hat den Nachteil, dass das Massenspektrum der Elementarteilchen mit dem Quarkmodell nicht berechnet werden kann.
Des Weiteren fällt die Primitivität der Struktur auf. Nach dem Quarkmodell sind die Mesonen lineare (stabförmige) Gebilde. Die drei Quarks in den Baryonen kann man nur im ebenen Dreieck anordnen, weitab von der Kugelsymmetrie. Will man z. B. im Proton oder Neutron Kugelsymmetrie erreichen, so müssten die Quarks stark deformiert werden. Welche Kraft ist dafür zuständig?
Diese Unzulänglichkeiten haben den Autor veranlasst, über ein anderes Strukturmodell der Elementarteilchen nachzudenken.
In Abschnitt 4.4 wurde das kugelsymmetrische Schalenmodell von Proton und Neutron entwickelt, welches die Grundlage für Stabilität des Atomkerns bildet. Wie gezeigt werden wird, haben die künstlich erzeugten, instabilen Elementarteilchen eine ganz andere Struktur.
Es wurde großer Wert darauf gelegt, dass die Berechnungen *durchgehend* mit dem experimentellen Befund übereinstimmen (s. Tabelle 3).

## 6.3 Berechnung der Feinstrukturkonstanten

Für die später zu berechnende Elementarmasse $m_h$ , die Hauptbestandteil der künstlich erzeugten Elementarteilchen ist, ist es erforderlich, die Feinstrukturkonstante zu bestimmen.
Die Feinstrukturkonstante α ist wie folgt definiert [s.Gl. (2.1.2)]:

$$\frac{1}{\alpha} = \frac{2hc\varepsilon_0}{e^2} \qquad (6.3.1)$$

Zur Berechnung der Feinstrukturkonstanten wurde durch Probieren festgestellt, dass man zum richtigen Ergebnis kommt, wenn man von der Differentialgleichung der Kugelwelle (wellenförmiges Potential) ausgeht:

$$y'' + \frac{2}{x}y' + y = 0 \qquad (6.3.2)$$

(Die zu Gl. (6.3.2) symmetrische DGl. für das Potenzial in der *Debye-Hückel*schen Potentialtheorie mit κ als Abschirmradius hat die Gestalt:

$$y'' + \frac{2}{x}y' - \kappa^{-2}y = 0\,) \qquad (6.3.2a)$$

Ihre allgemeine Lösung ist:

$$y = A\frac{\cos(x+\alpha)}{x}$$ (*A*: Amplitude; α: Phasenverschiebung). (6.3.3)

Bei den Randbedingungen $A = 1$, $\alpha = 0$ und $\tan x = 1$ erhält man

$$y = \frac{2\sqrt{2}}{\pi} \qquad (6.3.4)$$

Im Einheitsdreieck/Einheitskreis ist das das Verhältnis von Hypotenuse (Sehne) zum Kreisbogen. Setzt man Gl. (6.1.4) als eine Art Normierungskonstante in (6.1.1) ein, so erhält man

$$\frac{2hc\varepsilon_0}{e^2}\cdot\left(\frac{2\sqrt{2}}{\pi}\right)^3 = \frac{1}{\alpha}\left(\frac{2\sqrt{2}}{\pi}\right)^3 = 100.004606 \qquad (6.3.5)$$

Das ist im Rahmen des experimentellen Fehlers von *h* und *e* die natürliche Zahl 100 (Der Faktor 100 kam bereits bei der Berechnung der Gravitationskonstanten vor, s. Gl. (2.2.1)). Somit ist

$$\frac{1}{\alpha} = 100\cdot\left(\frac{\pi}{2\sqrt{2}}\right)^3 = 137.0296781 \qquad (6.3.6)$$

Der experimentelle Wert beträgt $\alpha^{-1} = 137{,}0359998$ (s. Tab. 3).
Hieraus kann man eine neue Elementarmasse definieren ($m_h$ : kleine *Planck*-Masse):

$$m_h = \sqrt{\frac{\hbar c}{G_N}} = \frac{e}{\sqrt{2\varepsilon_0}}\cdot\frac{10}{\sqrt{G_N}}\left(\frac{\pi}{2\sqrt{2}}\right)^{3/2} = 60.71311110\cdot 10^{-30}\,kg = 34.0575417\,MeV$$

(6.3.7)

Wie in Gleichung (2.2.1) tritt auch hier der Exponent 3/2 auf.

## 6.4 Analyse des Massenspektrums ausgewählter Elementarteilchen

Bei der Analyse des Massenspektrums wird davon ausgegangen, dass sich die Massen der künstlich erzeugten Elementarteilchen $m_{ET}$ wie folgt zusammensetzen

$$m_{ET} = k\cdot m_h + l\cdot m_0\,, \qquad (6.4.1)$$

wobei *k* und *l* ganze Zahlen sind. $m_0$ ist der Träger der Elementarladung (positiv oder negativ), während $m_h$ elektrisch neutral ist. Die Ergebnisse der Analyse sind in **Tabelle 1** zusammengestellt.

**Tabelle 1.** Berechnete und experimentell ermittelte Massen ausgewählter Elementarteilchen

| Bezeichnung des Elementar-teilchens | Masse der Elementarteilchen | | |
|---|---|---|---|
| | Berechnungsansätze nach Gleichung (6.2.1) | berechnete Werte in $MeV/c^2$ | experimentelle Werte nach [7] in $MeV/c^2$ |
| $\mu^-$ Myon | $m_{\mu-} = 3m_h + 3m_0$ | 105,654694 | 105,658387 |
| $\pi^o$ Pi Null | $m_{\pi o} = 4m_h - m_0$ | 135,06948 | 134,9739 |
| $\pi^+$ Pi Plus | $m_{\pi+} = 4m_h + 3m_0$ | 139,71224 | 139,5675 |
| $K^+$ Ka Plus | $m_{K+} = 14m_h + 15m_0$ | 494,216 | 493,646 |
| $K^o$ Ka Null | $m_{Ko} = 14m_h + 18m_0$ | 497,698 | 497,671 |
| $\eta^o$ Eta Null | $m_{\eta o} = 14m_h + 62m_0$ | 548,77 | 548,8 |
| $\tau^-$ Tau Minus | $m_{\tau-} = 49m_h + 99m_0$ | 1783,73 | 1784,1 (+2,7/–3,6) |

## 6.5 Angaben zur Struktur der Elementarteilchen

Man erkennt aus den in Tabelle 1 gegenübergestellten Werten eine recht gute Übereinstimmung zwischen Berechnung und Experiment. Auf Grund der Zusammensetzung der Elementarteilchen kann man nun auch gewisse Rückschlüsse auf ihre Struktur ziehen.
So ist das Myon ein ebenes Dreieck.
Das neutrale Pion ist offensichtlich ein Tetraeder mit Loch. Da $m_0$ nicht vorkommt, zerfällt es in Quanten.
Das geladene Pion ist ebenfalls ein Tetraeder. Man erkennt aber, dass es in ein Myon zerfällt, wenn mann $m_{\pi+} = m_h + (3m_h + 3m_0) = m_h + m_{\mu+}$ schreibt.
Die Formel des geladenen Kaons kann man auch wie folgt aufgliedern

$$m_{K+} = 6(2m_h + 2m_0) + (2m_h + 2m_0) + m_0 \,. \qquad (6.5.1)$$

Da hier die Zahl 6 vorkommt, handelt es sich offensichtlich um ein raumzentriertes Oktaeder

mit der Ladung in der Mitte. Es kann in 2 oder 3 Teilchen zerfallen, die auch hier vorgebildet sind.
Das neutrale Kaon kann in zwei strukturellen Modifikationen vorliegen

$$m_{K}o = 4(4m_h + 5m_0) - (2m_h + 2m_0) \qquad (6.5.2)$$

und

$$m_{K}o = 6(4m_h + 3m_0) + 2m_h \,. \qquad (6.5.3)$$

Das eine ist ein Tetraeder mit Defizit, wie beim Pion und das andere ein raumzentriertes Oktaeder (Überschuss). Das Tetraeder kann nur in 2 Teilchen zerfallen, während das Oktaeder in 2 oder 3 Teilchen zerfallen kann.
Das Eta-Teilchen ist offensichtlich den Kaonen strukturell sehr ähnlich
Das Tauon lässt sich wie folgt aufgliedern

$$m_{\tau-} = 6(7m_h + 14m_0) + (7m_h + 14m_0) + m_0 \,, \qquad (6.5.4)$$

wobei sich der Klammerausdruck noch weiter zerlegen lässt

$$(7m_h + 14m_0) = 6(m_h + 2m_0) + (m_h + 2m_0)\,. \qquad (6.5.5)$$

Hier liegt offensichtlich ein raumzentriertes Oktaeder mit der Ladung in der Mitte vor, um das 6 weitere raumzentrierte, aber ladungsfreie Oktaeder gruppiert sind.
Es fällt auf, dass beim Myon und Tauon (Leptonen) die Struktur ohne Defizite und Überschüsse aufgeht, was bei den Mesonen nicht der Fall ist
Nun sollen noch die sehr massiven Bottommesonen analysiert werden
Wie Tabelle 2 zeigt, kommen bei den Bottommesonen eine ganze Reihe von Kombinationen im Rahmen des experimentellen Fehlers vor. Bei der derzeitigen experimentellen Genauigkeit ist eine Auswahl kaum möglich

**Tabelle 2.** Die Bottommesonen (experimentelle Werte nach [7])

| $B^{\pm}$ | $B^{0}$ |
|---|---|
| $m_{B\pm}(\text{exp}) = 5277{,}6\pm1{,}4\ \text{MeV/c}^2$ | $m_{B0}\ (\text{exp}) = 5279{,}4\pm1{,}5\ \text{MeV/c}^2$ |
| $m_{B\pm} = 153m_h + 57m_0 = 5276{,}96\ \text{MeV/c}^2$ | $m_{B0} = 152m_h + 88m_0 = 5278{,}89\ \text{MeV/c}^2$ |
| $= 150m_h + 145m_0 = 5276{,}93\ \text{MeV/c}^2$ | $= 149m_h + 176m_0 = 5278{,}86\ \text{MeV/c}^2$ |
| $= 147m_h + 233m_0 = 5276{,}90\ \text{MeV/c}^2$ | $= 146m_h + 264m_0 = 5278{,}82\ \text{MeV/c}^2$ |
| $= 144m_h + 321m_0 = 5276{,}87\ \text{MeV/c}^2$ | $= 143m_h + 352m_0 = 5278{,}79\ \text{MeV/c}^2$ |
| $= 141m_h + 409m_0 = 5276{,}84\ \text{MeV/c}^2$ | $= 140m_h + 440m_0 = 5278{,}76\ \text{MeV/c}^2$ |
| $= 138m_h + 497m_0 = 5276{,}80\ \text{MeV/c}^2$ | $= 137m_h + 528m_0 = 5278{,}73\ \text{MeV/c}^2$ |
| $= 135m_h + 585m_0 = 5276{,}77\ \text{MeV/c}^2$ | $= 134m_h + 616m_0 = 5278{,}70\ \text{MeV/c}^2$ |

Es ist aber deutlich zu erkennen, dass beim geladenen Bottommeson eine ungerade Anzahl $m_0$ vorkommt. Beim neutralen Bottommeson ist die Anzahl von $m_0$ gerade.
Man kann davon überzeugt sein, dass, wenn man die anderen Elementarteilchen nach der vorgeschlagenen Methode analysiert, diese sich in das obige Schema einordnen lassen. Nur die Quarks werden eine Ausnahme machen, d. h., sie lassen sich wahrscheinlich nicht einordnen, weil ihre Massen experimentell nicht bestimmt werden können, und theoretisch nur begründete Schätzungen vorliegen (s. [9].
Die Massenverhältnisse der Elementarteilchen zum Elektron lassen sich durch die folgende Formel wiedergeben:

$$\frac{m_{L,M}}{m_{e}} = 66.649917\cdot k + 2.271446\cdot l \qquad (6.5.6)$$

wobei $m_{L,M}$ die Masse der Leptonen bzw. Mesonen und $k$ und $l$ ganze Zahlen sind.

## 6.6 Berechnung des Planckschen Wirkungsquantums

Aus Gleichung (6.3.7) kann man noch eine weitere Kopplungskonstante

$$G_h = \frac{G_e}{2\pi\left([illegible]\right)^2} = 6.25889403\cdot 10^{[illegible]}\,m^3kg^{-1}s^{-2} \qquad (6.6.1)$$

gewinnen. Man kann dann Gl. (6.3.7) wie folgt schreiben

$$m_h = \frac{\sqrt{\hbar c}}{\sqrt{G_h}} = \frac{1}{\sqrt{G_h}}\cdot\frac{e}{\sqrt{4\pi\varepsilon_0}} \qquad (6.6.2)$$

Da $\alpha$ nach Gleichung (6.3.6) bekannt ist, kann aus Gleichung (6.3.1) das PLANCKsche Wirkungsquantum berechnet werden. Man erhält

$$h = \frac{e^2}{2\alpha\varepsilon_0} \cdot \left(\frac{\pi}{3\sqrt{2}}\right)^3 \cdot 100 = 6.62577030 \cdot 10^{-34} Js \tag{6.6.3}$$

Der experimentelle Wert beträgt $h = 6{,}6260876 \cdot 10^{-34}$ Js. Damit ist sichergestellt, dass das PLANCKsche Wirkungsquantum keine unabhängige Naturkonstante ist. Sie wird durch die Elementarladung, die Lichtgeschwindigkeit und eine Zahl bestimmt.

# 7 Das Potenzial der elektromagnetischen Welle und das Massenäquivalent der potenziellen Energie

## 7.1 Das Potenzial der elektromagnetischen Welle

Aus Gleichung (6.3.1) erhält man (s.a. Gl. (2.1.2))

$$\sqrt{hc} = \sqrt{\frac{1}{2\pi\alpha}} \cdot \frac{e}{\sqrt{4\pi\varepsilon_0}} \tag{7.1.1}$$

Daraus folgt, dass $\sqrt{hc}$ eine Ladung ist (in elektrostatischen Einheiten). Sie hat das gleiche Vorzeichen wie dieElementarladung, da sich die Vorzeichen von Elementarladung und Wurzel kompensieren. Der Ausdruck $\sqrt{hc}$ wird nun als Ladung der elektromagnetischen Welle, kurz Wellenladung, bezeichnet.
Diese Ladung hat folgendes Potenzial:

$$P = \frac{\sqrt{hc}}{\lambda} \tag{7.1.2}$$

wobei $\lambda$ die Wellenlänge der elektromagnetischen Welle ist. Das ist auch ein zentral gerichtetes Potenzial wie in der Elektrostatik und bei der Gravitation.
Die elektromagnetische Welle hat also im Abstand von $\lambda$ Potenzialzentren oder Wellenladungen. Die potenzielle Energie ist

$$E_{pot} = \frac{\left(\sqrt{hc}\right)^2}{\lambda} \tag{7.1.3}$$

## 7.2 Die Kraft der elektromagnetischen Welle

Die dem Potenzial (Gl. (7.1.2)) entsprechende Kraft ist dann

$$F = \frac{\left(\sqrt{hc}\right)^2}{\lambda^2} \tag{7.2.1}$$

Diese Kraft wird in der Literatur als "starke Kraft" bezeichnet.
Des Weiteren erhält man aus (6.3.7):

$$G_g m_h^2 = hc \tag{7.2.2}$$

Nun sollen die Masse und die Wellenlänge variabel sein. Man erhält dann

$$G_e m^2 = \frac{hc}{\lambda} \tag{7.2.3}$$

Nun ist nach Gleichung (2.3.3)

$$x_Q = \frac{e\sqrt{G_e}}{c^2\sqrt{4\pi\varepsilon_0}} \tag{7.2.4}$$

und man erhält

$$c^2\frac{\sqrt{G_e}\sqrt{4\pi\varepsilon_0}}{e}m^2 = hc \tag{7.2.5}$$

Gemäß Gleichung (2.3.2) ist

$$\sqrt{G_e}\frac{\sqrt{4\pi\varepsilon_0}}{e} = \frac{1}{m_0} \tag{7.2.6}$$

und man erhält

$$\frac{c^2}{m_0}m^2 = m_0 c^2\left(\frac{m}{m_0}\right)^2 = E_Q\left(\frac{m}{m_0}\right)^2 = \frac{hc}{\lambda} = h\nu \tag{7.2.7}$$

## 7.3 Das Massenäquivalent der potenziellen Energie

Das Massenäquivalent der *potenziellen* Energie der elektromagnetischen Welle ist dann

$$E_{pot} = h\nu = E_Q\left(\frac{m}{m_0}\right)^2 \tag{7.3.1}$$

Wenn man in Gleichung (7.2.5) $\nu = \nu_0 = t_0^{-1}$ setzt, so erhält man $m = m_h$. Demnach ist die EINSTEINsche Formel der Energie-Masse-Äquivalenz eine Äquivalenz der Masse mit der *kinetischen* Energie im Sinne der Mechanik (Unterschied im Exponenten)

$$E_{kin} = mc^2 = E_Q\left(\frac{m}{m_0}\right)^1. \tag{7.3.2}$$

Bei der Absorbtion der elektromagnetischen Welle durch ein Elektron wird diese mit einer Verzögerung von $-a_{max}$ abgebremst und ihre potenzielle Energie zu Masse "kondensiert", die dann gemäß Gleichung (7.3.1) in kinetische Energie umgewandelt wird (Absorbtion der elektromagnetischen Welle).
Bei der Emission findet der umgekehrte Prozess statt.
Beim "Verdampfen" der absorbierten Masse wird das Elektron wie eine Rakete auf ein höheres Energieniveau getrieben (Impuls). Die elektromagnetische Welle selbst muss also nicht unbedingt einen Impuls im Sinne der Mechanik haben.
Wenn man den Absorbtionsprozess einer elektromagnetischen Welle auf diese Weise untergliedert, ist es nicht mehr notwendig, der Welle einen kinematischen Impuls im Sinne der Mechanik zuzuordnen, obwohl die *Gesamt*erscheinung dieser Annahme entspricht.

# 8 Zusammenfassung

Aus den relativistischen Kraftgesetzen gemäß FIG 1 werden zwei Gebiete hergeleit: einmal das Teleronki-Modell und zum Anderen die sphärisch-hyperbolische Symmetrie, die später zur Allgemeinen Feldtheorie entwickelt wird.
Durch neuen Kraftgesetze wird eine unendlich große Kraft von Anfang an aussgesclossen
KW: relitivistische Kraftgesetze, sphärisch-hyperbolische Symmetrie, Teleronki.

# 9 Schlussfolgerungen

Aus den Darstellungen können folgende Schlussfolgerungen gezogen werden:
1. Es wird gezeigt, dass sich durch die Begrenzung der Beschleunigung die Kraftgesetze insbesondere in der Umgebung des Koordinatenursprung entscheidend verändern.
2. Es wird ein Zusammenhang der Beschleunigung mit dem Entstehen und dem Verschwinden der Masse hergestellt.
3. Durch die Einführung der Konstanten $a_0$ in Gleichung (2.1.2) kann eine Elementarmasse $m_0$ definiert werden, die sich asymmetrisch in die Masse des Elektrons $m_e$ und die Teleronkimasse $m_t$ teilen lässt. Diese beiden Massen passen in das Periodensystem der Elemente.
4. Es wird gezeigt, dass die Anzahl der Dimensionen in der Physik von 3 (kgms) auf 2 (ms) reduziert werden kann.
5. Weiter wird gezeigt, dass aus den fundamentalen Naturkonstanten $+c$ und $\pm e$ die anderen universellen Naturkonstanten, wie z. B. $G_N$ und $\alpha$, ausgerechnet werden können (s. Tab. 3).
6. Aus der Begrenzung der Beschleunigung folgt, dass alle massiven Elementarteilchen eine endliche Ausdehnung haben müssen.
7. Weitere Berechnungen ergeben, dass den Elementarteilchen eine Struktur zugeordnet werden kann, die komplizierter als die Struktur gemäß Quarkmodell ist.
8. Gegenüber dem Standardmodell wird die Zahl der fundamentalen Elementarteilchen von 19 auf 4 massive Elementarteilchen reduziert. Davon ist aus zwei dieser Teilchen, dem Elektron und dem Teleronki, das Periodensystem der Elemente aufgebaut, während die künstlich erzeugten Elementarteilchen aus den Elementarmassen $m_0$ und $m_h$ bestehen.
9. Während sich das Teleronki *problemlos* in das Periodensystem der chemischen Elemente einordnen lässt, ist eine solche Einordnung mit dem Planck-Masse-Modell und dem Quark-Modell nicht möglich.
10. Ein wirklich elementares Teilchen ist ein dreidimensionaler Kugelkreisel, dessen Abmessung (Radius) dadurch bestimmt ist, dass an der Oberfläche Lichtgeschwindigkeit nicht überschritten werden darf.

# 10. Zusammenfassende Tabelle

**Tabelle 3.** Gegenüberstellung der berechneten Grundgrößen mit den experimentellen Werten

| Physikalische Grundgröße | | Werte | |
|---|---|---|---|
| Größe | Erklärung zur Bezeichnung | experimentell | berechnet |
| $c$ | Vakuum-Lichtgeschwindigkeit | $2{,}99792458 \cdot 10^{8} ms^{-1}$ | - |
| $e$ | Elementarladung | $1{,}60217646 \cdot 10^{-19} C$ | - |
| $G_N$ | Newtonsche Gravitationskonstante | $6{,}67310 \cdot 10^{-11} Nm^2kg^{-2}$ | $6{,}67128190 \cdot 10^{-11} m^3kg^{-2}s^{-2}$ |
| $m_e$ | Ruhemasse des Elektrons | $0{,}91093819 \cdot 10^{-30} kg$ | $0{,}910925053 \cdot 10^{-30} kg$ |
| $m_p$ | Ruhemasse des Protons | $1672{,}6216 \cdot 10^{-30} kg$ | $1672{,}4297 \cdot 10^{-30} kg$ |
| $m_n$ | Ruhemasse des Neutrons | $1674{,}9272 \cdot 10^{-30} kg$ | $1674{,}7461 \cdot 10^{-30} kg$ |
| $m_t$ | Ruhemasse des Teleronki | $1{,}1527 \cdot 10^{-30} kg$ | $1{,}15819171 \cdot 10^{-30} kg$ |
| $m_n / m_e$ | Quotient aus Neutronenmasse und Elektronenmasse | 1838,6836 | 1838,5105 |
| $m_p / m_e$ | Quotient aus Protonenmasse und Elektronenmasse | 1836,1526 | 1835,9676 |
| $e/m_e$ | spezifische Ladung des Elektrons | $1{,}75882017 \cdot 10^{11} Ckg^{-1}$ | $1{,}75884554 \cdot 10^{11} Ckg^{-1}$ |
| $1/\alpha$ | Feinstrukturkonstante | 137,0359998 | 137,0296781 |
| $h$ | Plancksches Wirkungsquantum | $6{,}6260676 \cdot 10^{-34} Js$ | $6{,}62577030 \cdot 10^{-34} Js$ |
| $G_e$ | elektromagnetische Gravitationskonstante | - | $5{,}38880048 \cdot 10^{31} m^3kg^{-2}s^{-2}$ |
| $G_h$ | | - | $6{,}25889403 \cdot 10^{28} m^3kg^{-2}s^{-2}$ |
| $m_0$ | reduzierte Planck-Masse | $2{,}06372 \cdot 10^{-30} kg$ | $2{,}06911676 \cdot 10^{-30} kg$ |
| $m_h$ | kleine Planck-Masse | - | $60{,}7131110 \cdot 10^{-30} kg$ |
| $x_0$ | Grenzlänge | - | $1{,}24061120 \cdot 10^{-15} m$ |
| $t_0$ | Grenzzeit | - | $4{,}13823352 \cdot 10^{-24} s$ |
| $a_{max}$ | maximale Beschleunigung | - | $7{,}24445483 \cdot 10^{31} ms^{-2}$ |
| $F_0$ | Grenzkraft | - | $1{,}49896229 \cdot 10^{2} N$ |
| $E_0$ | Grenzenergie | - | $1{,}85962940 \cdot 10^{-13} J$ |

## Literatur

[1] *Bublath, J.*: Geheimnisse unseres Universums. München: Droemersche Verlagsanstalt Th. Knaur Nachf. 1999.

[2] *Meissner, R.*: Das Teleronki-Modell - Ein neuer Zugang zur Physik der Elementarteilchen mit Anhang Der MAXWELLsche Dämon und das genetische Element, Aachen: Shaker-Verlag 2001.

[3] *Mende, D.; Simon, G.*: Physik, Gleichungen und Tabellen, 11. Auflage. Leipzig Fachbuchverlag 1994 und CODATA 1999 - Auszug (briefliche Mitteilung von *G. Simon*).

[4] *Weinberg, St.*: Der Traum von der Einheit des Universums. München: Berthelsmann-Verlag 1993.

[5] *Kamke, E.*: Differentialgleichungen I, 10. Auflage. Stuttgart: Teubner-Verlag 1983.

[6] *Klein,F.*: Spiegelungen am Kreis (Standort: Deutsche Bibliothek, Leipzig).

[7] Summary tables of particle properties, April 1990. Zitiert bei *Bethge, K.; Schröder, U. E.*: Elementarteilchen und ihre Wechselwirkungen, 2. Auflage. Darmstadt: Verlag Wissenschaftliche Buchgesellschaft 1991.

[8] *Ledermann, L.; Teresi, D.*: Das schöpferische Teilchen. München: Berthelsmann-Verlag 1993.

[9] *Tipler, P.A.*: Physik. Heidelberg/Berlin/Oxford: Spektrum Akadem. Verlag 1998.

[10] *Gerthsen, Ch.; Kneser, H.; Vogel, H.*: Physik. Berlin: Springer-Verlag 1989.

[11] *Javorski, B. M.; Detlaf, A. A.*: Spravotschnik Fisika (russ.; Handbuch des Physikers).Moskau: Verlag "Nauka" 1971.

[12] *Lucha, W.; Schöberl, F.*: Die starke Wechselwirkung. Mannheim: Wissenschaftsverlag 1989.

[13] *Okun, L. B.*: Physik der Elementarteilchen. Berlin: Akademie Verlag 1991.

[14] *Hering, E.; Martin, R.; Stohrer,M.*: Physikalisches Taschenbuch. Düsseldorf: VDI-Verlag 1994.

[15] *Nikolski, B. P.*: Spravotschnik Chimika (russ.: Handbuch des Chemikers). St. Petersburg (Leningrad): Verlag "Chimia" 1971.

[16] *Colin, A. R.*: Naturgeschichte des Universums. Augsburg: Naturbuch-Verlag 1992.

[17] *Autorenkollektiv*: Grundwissen des Ingenieurs, 12. Aufl.. Leipzig: Fachbuchv. 1985.

[18] Herder-Lexikon "Physik". Freiburg/Basel/Wien: Herder-Verlag 1991.

[19] *Stöcker, H.*: Taschenbuch der Physik, 2. Auflage. Frankfurt a. M.: Verlag H. Deutsch 1994.

[20] *Graewe, H.*: Atom- und Kernphysik, 4. Auflage. München/Wien: Oldenbourg-V. 1988.

[21] *Brytschkow, J. A.; Maritschew, O. J.; Prudnikow, A. P.*: Unbestimmte Integrale. Thun/Franktfurt a. M.: Verlag H. Deutsch 1992.

[22] *Gradstein, J. S.; Ryshik, J. M.*: Tafeln. Thun/Frankfurt a. M.: Verlag H. Deutsch 1981.

[23] *Schreier, W. u. a.*: Geschichte der Physik, 2. Auflage. Berlin: Deutscher Verlag der Wissenschaften 1991.

[24] *Kanitscheider, B.*: Das Weltbild Albert Einsteins. München: Verlag C. H. Beck 1988..

[25] *Bopp, F. W.*: Kerne, Hadronen und Elementarteilchen. Stuttgart: Teubner-Verl. 1989.

[26] *Falkenburg, B.*: Teilchenmethaphysik. Mannheim/Leipzig/Wien/Zürich: Bibliographisches Institut u. F. A. Brockhaus AG, Wissenschaftsverlag 1994.

[27] *Trefil, J.*: Fünf Gründe, warum es unsere Welt nicht geben kann. Augsburg: Weltbild Verlag GmbH 1996.

[28] *Hollemann, A. F.; Wiberg, E.*: Lehrbuch der anorganischen Chemie, 101. Auflage. Berlin/New York: Walter de Gruyter Verlag 1995.

# Gaußsche Zahlenebene und Symmetrie
# Darstellung der Allgemeinen Feldtheorie in ihrer einfachsten Form auf der Basis der dialektischen Logik


## Abstract

Aus der Gaußschen Zahlenebene können drei prinzipiell unterschiedliche Arten der Symmetrie hergeleitet werden: die ±Symmetrie, die $\frac{1}{i}$Symmetrie und die $\frac{D}{L}$Symmetrie und zwei verschiedene singuläre Punkte, einen mit Inhalt und einen absolut leeren.
Mit Einführung einer komplexen Zahl als Parameter in die Differentialgleichung II, Ordnung wird diese kontinuierlich auf die gesamte Gaußsche Zahlenebene ausgedehnt.
Es gibt sowohl eine Weltformel als auch eine Theorie von Allem. Die Allgemeine Feldtheorie wird in ihrer einfachsten Form dargestellt.


## 1 Einführung

Hauptthese dieser Arbeit ist, dass Kreis und Hyperbel eine dialektische Einheit bilden: Wo ein Kreis ist, ist auch eine Hyperbel und umgekehrt: Wo eine Hyperbel ist, ist auch ein Kreis. Einheitskreis und Einheitshyperbel haben die Gemeinsamkeit, nicht durch Koordinatenursprung zu gehen. Dreht man den Scheitelpunkt der Einheitshyperbel um den Koordinatenursprung um 360°, so entsteht immer der Einheitskreis.
Diese Hypothese gilt auch für den Riemann- und Lobatschewski- Raum.
Aus der Allgemeinen Relativitätstheorie von *A. Einstein* geht hervor, dass eine Masse eine Raumkrümmung verursacht. Einschlägige Experimente haben ergeben, dass diese Raumkrümmung dem hyperbolischen Lobatschewski-Raum zuzuordnen ist (Winkelsumme im Dreieck kleiner als 180°). Im weiteren wird gezeigt, dass man einem hyperbolischen Lobatschewski-Raum immer einen sphärischen Riemann-Raum (Summe der Winkel im Dreieck größer als 180°) zuordnen muss, wobei der Riemann-Raum als die Ursache für den Lobatschewski-Raum anzusehen ist. Verschwindet diese Ursache, erhält man den Euklidischen Raum.
Vorausgesetzt wird die Kenntnis der Zahlentheorie einschließlich der GAUßschen Zahlenebene, der Kegelschnitte, die EULERschen Formeln und der einschlägigen Theorien der Physik, Relativitätstheorie, Quantenmechanik, Standard-Modell, Stringtheorie Urknallhypothese usw. Es wird die Schlussfolgerung gezogen, dass es prinzipiell 3 Arten der Symmetrie gibt: die ±Symmetrie, die $\frac{1}{i}$Symmetrie und die $\frac{D}{L}$Symmetrie. Außerdem wird die Theorie von Allem formuliert: Die Gravitationstheorie ist eine imaginäre Quantentheorie und umgekehrt: Die Quantentheorie ist eine imaginäre Gravitationstheorie. Die Weltformel ist die Differentialgleichung II. Ordnung.

## 2 Die sphärisch-hyperbolische Symmetrie ($\frac{1}{i}$Symmetrie)

Es wird die These aufgestellt, dass der Lobatschewski-Raum (hyperbolisches Gravitationsfeld) durch einen Riemann-Raum (kugelförmige Masse) verursacht wird und dass sich beide bei Wegfall der Ursache zu einem euklidischen Raum ausgleichen. Demnach bilden Riemann- und Lobatschewski-Raum eine unzertrennliche Einheit, die mit dem Begriff

"sphärisch-hyperbolische Symmetrie" unter ein gemeinsames Dach gebracht werden. Zum Thema sphärisch-hyperbolische Symmetrie findet man keine Literatur. Erste Ansätze findet man bei *F. Klein* [1]. Diese Arbeit wurde vergessen und ist in den einschlägigen Universitätsbibliotheken nicht nachzuweisen. Der einzige Nachweis wurde in der Deutschen Nationalbibliothek, Leipzig, gefunden. *F. Klein* weist geometrisch nach, dass man alle Kegelschnitte durch Spiegelungen am Kreis gewinnen kann.
Hier wird das Problem analytisch gelöst.
Für die Entwicklung der sphärisch-hyperbolischen Symmetrie gibt es folgende Ausgangssätze:

> *Die Summe aller unendlich fernen Punkte erscheint als Spiegelbild des Mittelpunktes der Kugel, wenn der Standort außerhalb der Kugel ist. Ist der Standort innerhalb der Kugel, so sind die unendlich fernen Punkte das Spiegelbild des Mittelpunktes der Kugel.*

Die sphärisch-hyperbolische Symmetrie kann man entwickeln, wenn man die gesamte GAUßsche Zahlenebene in die Betrachtung einbezieht. Deshalb wird folgendes Theorem formuliert:

> *Der Kreis ist eine imaginäre Hyperbel und umgekehrt: Die Hyperbel ist ein imaginärer Kreis.*

Der Beweis ist relativ einfach.
Gegeben sei für den Einheitskreis:

$$y^2 + x^2 = 1 \qquad (1)$$

und die dazugehörige Hyperbel:

$$y^2 - x^2 = 1 \qquad (2)$$

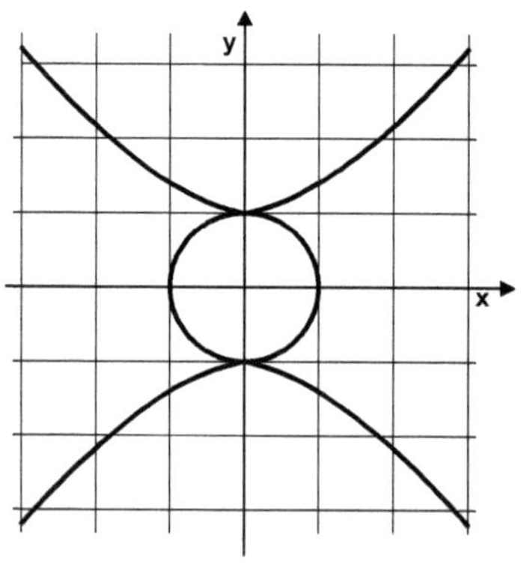


Setzt man nun für
$+1 = -i^2 (i = +\sqrt{-1}; \textit{imaginäre Einheit})$ und für
$-1 - i^2$, so erhält man für die imaginäre Hyperbel:

$$(y)^2 - (ix)^2 = 1 \qquad (3)$$

und für den imaginären Kreis:

$$y^{(2)} + (ix)^2 = 1 \qquad (4) \text{ q.e.d.}$$

**FIG. 1:** Kreis und Hyperbel mit ihren gemeinsamen Punkten

In **FIG. 1** sind der Einheitskreis und die dazu gehörige Hyperbel dargestellt
Man sieht, dass der Scheitelpunkt der Hyperbel einen Punkt auf dem Kreisumfang darstellt.
Wenn man die Scheitelpunkte der Hyperbel um den Koordinatenursprung dreht, ergibt sich der Kreis.

Für die imaginäre Hyperbel und den imaginären Kreis erhält man mit *ix* als Ordinate das gleiche Bild wie oben, nur sind Kreis und Hyperbel vertauscht, was man nicht sieht. Gerade das ist der Kern der sphärisch-hyperbolischen Symmetrie.
Betrachten wir nun die Symmetrie von Differentialgleichungen.
Gegeben sei die elementare Differentialgleichung II. Ordnung:

$$y'' \pm y = 0 \tag{5}$$

mit den Lösungen:

$$y_+ = C_1 e^{ix} + C_2 e^{-ix} \tag{6}$$

und

$$y_- = C_1 e^{x} + C_2 e^{-x} \tag{7}$$

Man sieht, dass aus einer $\pm$ Symmetrie eine $^{1}_{i}$Symmetrie geworden ist.
Wenn man diese Lösungen durch die Eulerschen Formeln[1] umwandelt, so erhält man die allgemein übliche Schreibweise der reellen Lösungen von (5) mit anderen Konstanten als oben:

$$y_+ = C'_1 \cos x + C'_2 \sin x \tag{8}$$

und

$$y_- = C_1 \cosh x + C_2 \sinh x \tag{9}$$

Die zyklischen Funktionen sind vom Kreis hergeleitet und die hyperbolischen von der Hyperbel.
Man kann erkennen, dass die Lösungen (6) und (7) durch eine Drehung von $\pi/2$ in der Gaußschen Zahlenebene ineinander übergehen.
Wenn man die Analyse bis hierher verfolgt hat, liegt die Verallgemeinerung der Differentialgleichung II. Ordnung fast auf der Hand.

## 3 Die Verallgemeinerung der Differentialgleichung II. Ordnung

Diese Verallgemeinerung erhält man, wenn man den Parameter p einführt und diesen auf die gesamte GAUßsche Zahlenebene ausdehnt.
Man erhält dann:

$$y'' - py = 0 \tag{10}$$

mit

[1] Die Eulerschen Transformationsformeln für die sphärisch-hyperbolische Symmetrie sind: $\cosh x = \cos ix$, $\sinh x = i \sin ix$, $\cos x = \cosh ix$, $\sin x = i \sinh ix$ (s. a. [4])

$$p = \rho^2(\cos\varphi + i\sin\varphi)^2 \tag{11}$$

Man kann erkennen, dass bei $\varphi$=0

$$y'' - \rho^2 y = 0 \tag{12}$$

In der Lösung sind die hyperbolischen Funktionen gemäß (9) enthalten.
Bei $\varphi$=π/2 erhält man

$$y'' + \rho y = 0 \tag{13}$$

Hier sind in der Lösung die zyklischen Funktionen gemäß (8) enthalten.
Für die übrigen Winkel $\varphi$ erhält man die vollständige Kombination der zyklischen und hyperbolischen Funktionen :

$$y = C_1[\cosh(\rho\cos\varphi)\cos(\rho\,(\sin\varphi) + \sinh(\rho\cos\varphi)\cos(\rho\sin\varphi)] + C_2[\cosh(\rho\cos\varphi)\sin(\rho\,(\sin\varphi) + \sinh(\rho\cos\varphi)\sin(\rho\sin\varphi)] \tag{14}$$

Es soll auf folgende Probleme aufmerksam gemacht werden, die in der Literatur nicht erwähnt werden.
Um Gleichung (14) richtig durchdifferentieren zu können, muss man die zyklischen und hyperbolischen Funktionen mittels der Eulerschen Gleichungen in Exponentialfunktionen mit anderen Konstanten umwandeln. Zum anderen muss man $\varrho$ =0, $\varphi$=0, π/2, π, 3π/2 in die Ausgangsgleichung einsetzen. Setzt man diese Werte in die Lösung ein, erhält man ein anderes Ergebnis. Die obige vollständige Kombination der zyklischen und hyperbolischen Funktionen ist die elementarmathematische Grundstruktur der gesuchten Weltformel, weil mit dieser allgemeinen Lösung alle Zahlen der Gaußschen Zahlenebene erfasst werden.
Kritik muss an der bisherigen Handhabung der Differentialgleichung II. Ordnung geübt werden.
Bisher hat man nur den zyklischen Teil mit der Entwicklung der Quantentheorie genutzt. Der hyperbolische Teil wird ignoriert, was ein fataler Fehler ist. Wenn man die Gravitationstheorie an diesen hyperbolischen Teil anpasst, hat man eine und nur eine Gleichung, mit der alle Wechselwirkungen beschrieben werden können. Das ist dann die gesuchte Weltformel (siehe Abschnitt 4).

## 4 Die Dialektik von Potentialfunktion (Gravitation) und Wellenfunktion (Quantenelektrodynamik)

Die Anpassung der Differentialgleichung II. Ordnung (Weltformel) an die Gravitation wird wie folgt vorgenommen:
Gegeben sei die Differentialgleichung II. Ordnung in ihrer einfachsten Form

$$y'' \pm y = 0 \tag{15}$$

Aus dem Lösungsspektrum werden folgende Lösungen ausgewählt:

$$y_a = \cos x \tag{16}$$

für die Wellenfunktion und

$$y_{-} = \cosh x \qquad (17)$$

für die Potentialfunktion.
Die Wellenfunktion kann so belassen werden, die Potentialfunktion muss aber durch Transformationen von $\cosh x$ in die Normalform gebracht werden.
Zuerst kann man feststellen, dass $\cosh x$ eine Hyperbel mit der Asymptote $e^x$ ist (gekrümmte Asymptote), denn

$$\lim_{x\to\infty} 2\cosh x = e^x \qquad (18)$$

Diesen Fakt hätte schon Euler auffunden müssen und wurde seither von Millionen Gymnasiallehrern übersehen.
Man setze für den Kreis

$$\cos^2 x+\sin^2 x=1 \qquad (19)$$

und

$$\cosh^2 x - \sinh^2 x=1 \qquad (19a)$$

für die Hyperbel.
Diese Gleichungen werden begradigt, indem man

$$y^2 + x^2 = 1 \qquad (20)$$

für den Kreis und

$$y^2 - x^2 = 1 \qquad (21)$$

für die Hyperbel auswählt.
Das sind jetzt die gleichen Gleichungen für Kreis und Hyperbel wie oben (S.32) mit dem dazu gehörigen Bild.

Dieses Bild muss man nun um 45° oder $\frac{\pi}{4}$ drehen.
Nach den üblichen Transformationsformeln erhält man für den Kreis unverändert

$$y^2 + x^2 = 1 \qquad (22)$$

Aber für die Hyperbel

$$y = \frac{1}{2x} \qquad (23)$$

In dieser Form haben Kreis und Hyperbel einen gemeinsamen Punkt, wenn der Radiusvektor um 45° gedreht wird. Das hat Folgen für die gemeinsame Tangente, die ebenfalls um 45° gedreht werden muss und senkrecht auf dem Radiusvektor steht. Diese Tangente stellt die Symmetrieachse der sphärisch-hyperbolischen Symmetrie dar.
Man erhält für die gemeinsame Tangente

$$y = -x + \sqrt{2} \tag{24}$$

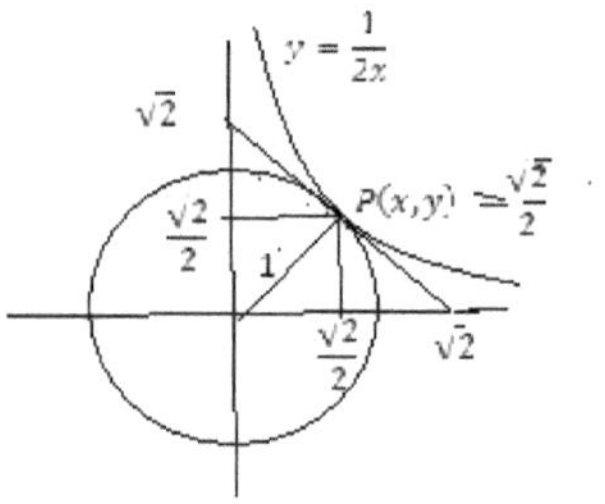


Der gemeinsame Punkt ist dann

$$P(x,y) = \frac{\sqrt{2}}{2} \tag{25}$$

Gleichung (23) ist eine asymmetrische Potentialfunktion und Gleichung (22) eine symmetrische Wellenfunktion.

**FIG. 2**: Die Potentialfunktion (Hyperbel) und die Wellenfunktion (Kreis) mit ihrem gemeinsamen Punkt und ihrer gemeinsamen Tangente.

Die Potentialfunktion entspricht dem Gravitationspotential. Man kann nun schreiben:

$$P_G = G_N \frac{Mm}{r} \tag{26}$$

Das Gravitationspotential muss asymmetrisch sein, weil es keine negative Masse gibt (Bedingung für eine Potentialfunktion).
Bei sehr, sehr kleinen r (Größenordnung $10^{-15}$ m) verlässt das Gravitationspotential die Potentialfunktion und wird konstant (s. [2]).
Damit ist sichergestellt, dass man das Gravitationspotential aus der Differentialgleichung II. Ordnung, der Weltformel, herleiten kann.
Im Gegensatz zum Gravitationspotential ist das Coulombesche Potential keine Potentialfunktion, da es positive und negative Ladungen hat und damit symmetrisch ist (nicht eindeutig; die Eindeutigkeit wird von der Potentialfunktion gefordert). Deshalb gibt es zwischen zwei Ladungen kein unendlich kleines Potential (kein Nullpotential). Das Coulombsche Gesetz

$$P_C = \pm \frac{Qq}{r} \tag{27}$$

gilt nur von r=a bis r=b, ist also gegenüber dem Gravitationsgesetz völlig anders. Das Gravitationspotential kann unendlich klein werden. Eine einzelne Ladung gibt es wegen des Elektroneutralisationsprinzips nicht. Deshalb hat das elektrische Potential auch keinen Nullpunkt. Es gibt nur Potentialdifferenzen.
Das Coulombsche Gesetz entspricht eigentlich der Differentialgleichung

$$y'' + \frac{2}{x} y' + y = 0 \tag{28}$$

Das ist die Differentialgleichung der stationären Kugelwelle, mit einer Lösung

$$y = \pm\frac{\cos x}{x} \qquad (29)$$

Daraus folgt, dass das Coulombpotential eine Wellenfunktion ist.
In Folge dessen sind die Gravitation und Quantenelektrodynamik völlig verschiedene Erscheinungen der Natur. Sie unterscheiden sich qualitativ und haben mit den Theorien, die eine quantitative Übereinstimmung zwischen diesen Naturphänomenen herbeiführen wollen, nichts zu tun, das sind die Stringtheotie und die Schleifenquantengravitation. Auf der Grundlage dieser Theorien, deren Vorgehensweise rein formal logisch ist, kann die Weltformel nicht gefunden werden. Diese Theorien sind von Anfang an irreal.
Trotzt der unterschiedlichen Qualitäten der Phänomene werden beide aus ein und derselben Formel hergeleitet, der Differentialgleichung II. Ordnung.
Im Bild (**FIG. 2**) ist die Allgemeine Feldtheorie in ihrer einfachsten Form zusammengefasst. Die Hyperbel symbolisiert die gesamte Gravitationstheorie, während durch den Kreis die gesamte Quantenelektrodynamik einschließlich der schwachen und starken Wechselwirkung und der Quantenchromodynamik zusammengefasst wird.

Sie passt auf ein T-Shirt, wie es die Physiker laut Presseberichten wünschen.
Dort stoßen im Punkt P(x,y) alle drei großen Wissenschaften aufeinander: die Mathematik, die Physik und die Philosophie.

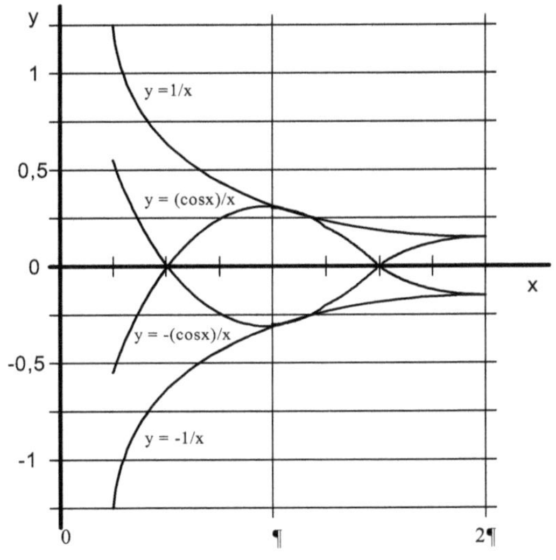


**FIG. 3**: Darstellung des Coulombpotentials als Wellenfunktion

Verbindet man die Amplituden der Kosinusfunktion, so erhält zwei symmetrische Hyperbeln. Im gemeinsamen Punkt können Gravitation und Quantenelektrodynamik (Licht) in Wechselwirkung treten. Damit ist nicht mehr ausgeschlossen, dass das Licht an das Gravitationsfeld Energie in Form von Reibung abgibt (Rotverschiebung). Diese Energie erscheint dann als Hintergrundstrahlung.
Die Rotverschiebung ist dann umso größer je weiter der Beobachter vom Objekt entfernt ist, was mit dem Experimentellen Befund übereinstimmt. Damit ist die Urknallhypothese von Anfang an irreal.
Wenn die Rotverschiebung nicht oder nur teilweise auf den Dopplereffekt zurückzuführen ist, kann man auch von einem unendlichen Kosmos ausgehen.

## 5 Die Analyse der Gaußschen Zahlenebene

Die weitere Analyse der Gaußschen Zahlenebene ergibt die verschiedenen Symmetrien in einem einfachen Schema. Man setzt

$$y(n) = i^n \tag{30}$$

($n$ - natürliche Zahl). Man erhält: $i^1 = +i$, $i^2 = -1$, $i^3 = i^1\, i^2 = -i$, $i^4 = i^2\, i^2 = +1$, $i^5 = i^1\, i^4 = +i$ (Wiederholung).

Daraus folgt dann dieses Schema

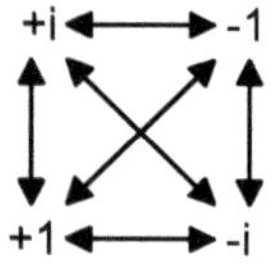


Schema 1

Hier geben die Diagonalen die allgemein bekannte $\pm$Symmtrie wieder, die man auch als Planspiegelsymmetrie bezeichnen kann. Durch die Horizontalen und Senkrechten wird die $\frac{1}{i}$Symmetrie dargestellt.

Schreibt man

$$y(n) = i^{-n} \tag{31}$$

$\frac{1}{i} = \frac{i}{i^2} = -i;\ \frac{1}{i^2} = -1;\ \frac{1}{i^3} = \frac{i}{i^4} = +i;\ \frac{1}{i^4} = +1;\ \frac{1}{i^5} = \frac{i}{i^2 i^4} = -i$ (Wiederholung), so erhält man ein leicht modifiziertes Schema

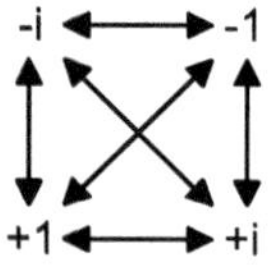


Schema 2

Hier sind $+i$ und $-i$ vertauscht. Durch Drehung in der Ebene werden beide Schemata nie deckungsgleich. Im ersten Schema kommt man von $+i$ zu $+1$ durch Drehung nach rechts, im zweiten durch Drehung nach links. Man kann also zwischen Rechts und Links unterscheiden. Diese Art der Symmetrie bezeichnet man als chiral (händig). In Anlehnung an die obige Schreibweise ist das die $\frac{D}{L}$ Symmetrie.

Die sphärisch-hyperbolische Symmetrie ist also keine Hypothese, sondern die notwendige Auffüllung einer Lücke im obigen Schema.

Bleibt noch zu klären, was $i^0$ ist.

$i^0=1$ ist ein singulärer Punkt mit Inhalt (der singuläre Punkt ohne Inhalt wird weiter unten besprochen).

Ein solcher singulärer Punkt ist z. B. die Parabel. Man kann die Parabel als entartete Ellipse betrachten, deren Brennpunkte unendlich weit entfernt sind, so dass nur ein Brennpunkt zur Verfügung steht. Außerdem hat die Parabel im Gegensatz zu Kreis und Hyperbel keinen Partner (Single), denn bei $y=x^2$ ist $y=(ix)^2$ das Spiegelbild ihrer selbst (Planspiegelsymmetrie). (Angemerkt soll werden, dass die Planspiegelsymmetrie ein Sonderfall der sphärisch-hyperbolischen Symmetrie ist, und zwar bei $\rho\longrightarrow\infty$ ($\rho$ ist der Krümmungsradius)).
Auch die Bestandteile des idealen Gases sind definitionsgemäß singuläre Punkte mit Inhalt (punktförmig, keine Wechselwirkung zwischen ihnen, was als Chaos bezeichnet wird). Hinzu kommt noch der amorphe Ruß. Die Kohlenstoffatome sind hier, weil sie keine Struktur ausbilden, singulärer Punkte mit Inhalt.
Dagegen ist der Pol kein singulärer Punkt, weil er im Gegenpol einen Partner hat (kein Single).
Zur Diskussion über den hypothetischen magnetischen Monopol sei angemerkt, dass es diesen definitionsgemäß nicht geben kann. Ein Magnetfeld entsteht dann und nur dann, wenn sich Ladungen bewegen. Wenn ein Magnetfeld entstehen soll, muss sich mindestens eine Ladung von A nach B bewegen, so dass sich immer ein Dipol bilden muss.
Zu einem absolut leeren singulären Punkt kommt man, wenn der Radius des Kreises $r=0$ ist. Dann entarten Kreis und Hyperbel zu Koordinatenachsen der GAUßschen Zahlenebene und der Koordinatenursprung wird dann zum absolut leeren singulären Punkt.
Zusammenfassend kann man also feststellen, dass man aus der GAUßschen Zahlenebene drei Arten der Symmetrie, die $\pm$Symmetrie, die $\frac{1}{i}$Symmetrie und die $\frac{D}{L}$Symmetrie sowie zwei Arten von singulären Punkten herleiten kann.

## 6 Formulierungsvorschlag für die Theorie von Allem

Als sich Einstein mit der Gravitation befasste, wollte er eine Vereinheitlichung mit der Elektrizität schaffen und so die Allgemeine Feldtheorie begründen.
Heute wissen wir, dass die Quantentheorie (Quantenelektrodynamik) durch zyklische Funktionen und die Gravitationstheorie durch hyperbolische Funktionen dargestellt wird. Es war also zu untersuchen, welche Gemeinsamkeiten und welche Unterschiede zwischen Kreis und Hyperbel bestehen.
Das ist hier geschehen.
In Anpassung an das obige Theorem lautet die qualitative Formulierung der Theorie von Allem (TOE):

> *Die Gravitationstheorie ist eine imaginäre Quantentheorie und umgekehrt, die Quantentheorie ist eine ist eine imaginäre Gravitationstheorie.*

Beide schließen sich gegenseitig aus. Das bedeutet, dass das hyperbolische Gravitationsfeld kontinuierlich ist und nicht gequantelt werden darf, was mit den experimentellen Befunden übereinstimmt (Es gibt z. B. keine negative Masse und somit keinen Masseoszillator, der Wellen erzeugen könnte, die für die Quantentheorie relevant sein könnten).
Beide werden aber durch die $\frac{1}{i}$Symmetrie zusammengeschweißt. Transformationen sind möglich (z. B. Drehungen in der GAUßschen Zahlenebene; s. a. die Eulerschen Transformationsformeln, Fußnote S. 33).
Bezüglich der quantitativen Ausgestaltung der obigen Definition müssen alle Theorien dahin gehend überprüft werden, ob sie in das obige Schema passen.

Eigentlich ist die Theorie von Allem ein philosophisches Problem, denn die antiken Philosophenschulen haben schon kontrovers darüber diskutiert, ob die Welt kontinuierlich oder diskontinuierlich aufgebaut ist.
In der neueren Zeit hat *Dalton*, der nachgewiesen hatte, dass es chemische Elemente gibt, die These aufgestellt, die Welt wäre durchgehend diskontinuierlich aufgebaut.
*Einstein* ging wiederum vom kontinuierlichen Weltaufbau aus. Er mochte die diskrete, auf der Wahrscheinlichkeitsrechnung aufgebaute Quantentheorie nicht.
Gegenwärtig gibt es nun wieder Bestrebungen, auch das Gravitationsfeld zu quanteln.
Wie alle einseitigen Bestrebungen ist auch das nicht richtig.
Die Welt besteht nun einmal aus Gegensätzen, die man sinnvoll vereinigen muss, wie oben geschehen.

## 7 Diskussion

In der Physik spielen Symmetrien und singuläre Punkte eine zentrale Rolle.
Da die Gaußsche Zahlenebene erwiesenermaßen eine realitätsbezogene mathematische Abstraktion darstellt, kann man auf der Grundlage des oben Hergeleiteten die Vielzahl der physikalischen Theorien auf ihren Realitätsbezug überprüfen und rein abstrakt-theoretische Fantasien, die eher der Kunst als der Wissenschaft zuzuordnen sind, aussortieren.
Bei dem Urknall-Modell, das hier widerlegt wird, geht man von der Hypothese aus, dass beim Newtonschen Gravitationsgesetz

$$F = G_N \frac{Mm}{r^2} \tag{32}$$

bei $r$=0 ein singulärer Punkt existiert, aus dem die Welt entstanden ist.
Bei $r$=0 wird der Koordinatenursprung erreicht und es müsste ein absolut leerer singulärer Punkt vorliegen, der aber hier mit einer unendlich großen Kraft aufgefüllt ist. Das ist nach der obigen Darstellung widersinnig und deshalb irreal. Des Weiteren wird nach der Speziellen Relativitätstheorie bei $l$=0 Lichtgeschwindigkeit erreicht und die Zeit wird unendlich groß. Ein solcher singulärer Punkt müsste dann von Ewigkeit zu Ewigkeit in seinem Zustand verharren, könnte sich also nicht entwickeln.
Alle diese Ungereimtheiten können auf der oben entwickelten Grundlage beseitigt werden.
Ausgehend von der Begrenzung der Beschleunigung wird in [2] für die unmittelbare Umgebung des Koordinatenursprungs der Kraftgesetze folgende Formel hergeleitet ($x_0$ ca. $10^{-15}$ m) (s. [4]. S. 12):

$$y(x) = \frac{x_0^2}{x^2}\sqrt{1-\frac{x_0^2}{x^2}} + \frac{x^2}{x_0^2}\sqrt{1-\frac{x^2}{x_0^2}} \tag{33}$$

Sie enthält zwei singuläre Punkte, einen bei x=0 (Koordinatenursprung) und einen bei $x=x_0$. Die Integration liefert im Punkt $x=x_0$ ein weiterführendes Ergebnis. Gleichung (18) besitzt einen Real- und einen Imaginärteil, die bei der kontinuierlichen Veränderung von x ineinander übergehen ($\frac{1}{i}$ Symmetrie).
Die $\frac{1}{i}$ Symmetrie (Widerspruch) ist für die Bewegung im Kosmos zuständig. Somit ist der unendliche Kosmos immer in Bewegung.
Einige Physiker glauben, mit der Theorie von Allem alle Probleme der Physik lösen zu können.

Obige „Formel" löst aber nur das Verhältnis von Kontinuität und Diskontinuität: Im Kleinen ist die Welt diskret, im Großen wegen des allgegenwärtige Gravitationsfeldes kontinuierlich. Mit obiger Theorie von Allem werden alle Zahlen der GAUßschen Zahlenebene erfasst. Sie ist also vollständig.
Diejenigen, die mit der Weltformel alle Probleme lösen wollen, werden von der Einfachheit der obigen Formulierung enttäuscht sein. Es gibt aber Wissenschaftler, die die Vereinfachung der Darstellung der Verhältnisse in der Natur anstreben. Diese werden voll und ganz zufrieden gestellt.

# 8 Zusammenfassung

Die sphärisch-hyperbolische Symmetrie ist Bestandteil der Gaußschen Zahlenebene. Ausgehend davon, wird die Akkgemeine Fejdtheorie auf der Grundlage der dialektischen Logik hergeleitet. Die Thorie von allem (TOE) wird dikutiert.
KW: Gaußsche Zahlenebene, Allgemeine Feldtheorie, TOE,sphärisch-hyperbolische Symmetrie.

# 9 Schlussfolgerungen

1. Es wird gezeigt, dass Kreis und Hyperbel eine in sich widersprüchliche, aber unzertrennbare Einheit bilden.
2. Aus der Gaußschen Zahlenebene können drei prinzipiell unterschiedliche Arten der Symmetrie hergeleitet werden: die ±Symmetrie, die $\frac{1}{i}$Symmetrie und die $\frac{D}{L}$Symmetrie und zwei verschiedene singuläre Punkte, einen mit Inhalt und einen absolut leeren.
3..Die $\frac{1}{i}$Symmetrie (Widerspruch) ist für die Bewegung im Kosmos zuständig und kann werder entstehen noch verschwinden.
4. Die Differentialgleichung II. Ordnung ist die gesuchte Weltformel, aus der alle Arten der Wechselwirkung hergeleitet werden können.
5. Die Dialektik von Potential- und Wellenfunktion wird dargestellt. Es wird gezeigt, dass das Gravitationspotential eine Potentialfunktion und das Coulombpotential eine Wellenfunktion sind.
6. Die Stringtheorie und Schleifenquantengravitation werden in den Grundlagen widerlegt. Sie sind von den Voraussetzungen her falsch. Mit diesen Theorien ist es unmöglich, die Allgemeine Feldtheorie zu finden.
7. Es wird festgestellt, dass es auch gekrümmte Asymptoten gibt. Die gekrümmten Asymptoten sind der Schlüssel zur Allgemeinen Feldtheorie.

# 10 Literatur

[1] Klein, F., Spiegelungen am Kreis, (Standort: Deutsche Nationalbibliothek, Leipzig)
[2] Meissner, R., Grundsätzliches zur Begrenzung der Beschleunigung, zur Symmetrie und zur rückläufigen Zeit, Aachen, Shaker Verlag, 2006
Download: www.shaker.de/katalog
[3] Meissner, R., Die Weltformel. Ein Formulierungsvorschlag, Tönning, Der Andere Verlag, 2010 (Deutsch und Englisch)
[4] Bronstein, I. N., Senendjajew, K. A., Taschenbuch der Mathematik, S.. 429,16. Auflage, DSB B. G. Teubnersche Verlagsgesellschaft, 1976

# Teleronki, Rotverschiebung und genetisches Element Die Grundbausteine der unbelebten und belebten Natur

## Abstract

Die Elementarmasse $m_0$ wird in die Elektronenmasse $m_e$ und die Teleronkimasse $m_t$ geteilt. Diese beiden Massen lassen sich, wie gezeigt wird, in das Periodensystem der Elemente einordnen, was mit den künstlich erzeugten Elementarteilchen nicht möglich ist.
Ein Mechanismus zur Erzeugung der Bioelektrizität wird entwickelt.
Damit sind die Grundbausteine der unbelebten und belebten Natur gefunden.

## 1 Einführung

Zum Teleronki-Modell gibt es keine Literatur.
Ausgehend von relativistischen Kraftgesetzen [1] (**FIG 1**), werden deren Intergrale im Punkt $x=x_0$ analysiert. Es wird die Masse eines neues Teilchen, des Teleronki, berechnet, die genau in das Periodensystem der Elemente passt. Die Teleronkimasse ist genau 1444 mal im Proton und 1446 mal im Neutron enthalten. Auf dieser Basis kann ein Schalenmodell vom Proton und Neutron entwickelt werden. Das Schalenmodell unterscheidet sich prinzipiell vom Standardmodell und begründet die Stabilität von Proton und Neutron in den Elementen des Periodensystems. Nach dem Standardmodell müssten Proton und Neutron genau so schnell zerfallen wie die anderen Elementarteilchen, weil jene auch nur aus Quarks bestehen sollen.

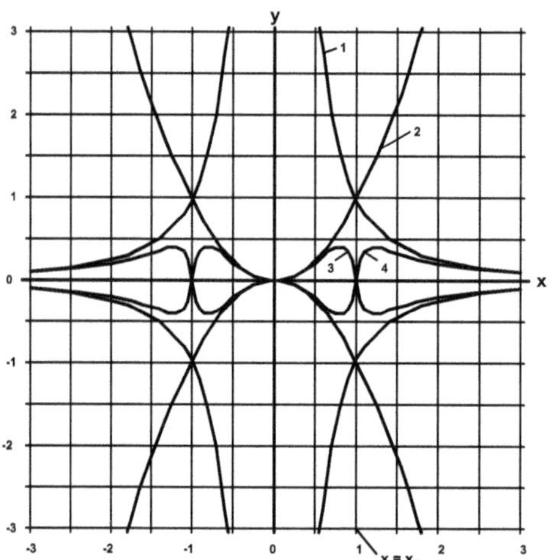


**FIG 1.** Darstellung der Funktionen Freier Fall und Rotation [1] in der Umgebung des Punktes $x = x_0$ . Funktionen: 1: $y = \pm\frac{1}{x^2}$ ; 2: $y = \pm x^2$ ; 3: $y = \pm x^2\sqrt{1 - x^2}$ 4: $y = \pm\frac{1}{x^2}\sqrt{1 - \frac{1}{x^2}}$

Auch der Massendefekt in den Kernen der Elemente, der deren individuelle Eigenschaft ist, wird hinreichend genau berechnet.
Damit kann die Masse aus nur zwei universellen Naturkostanten, +c und ±e, und einer Zahl berechnet werden.
Wichtig ist die Aussage, dass man für das Periodensystem der Elemente die künstlich erzeugten Elementarteilchen nicht braucht. Das soll bewiesen werden.

## 2 Integration der Kraftgleichungen

Durch Integration der Gleichungen (3.1.10) und (3.1.11) in [1] erhält man die Energie
Da im Integral eine Konstante vor kommt, kann man die Teleronkimasse berechnen.: $m_t = 1{,}15819171 \cdot 10^{-30}$ kg. Sie ist etwas größer als die Elektronenmasse.
Der Begriff „Teleronki“ wird aus dem Begriff "Elektron" abgeleitet, in dem man *t* und *k* nach außen bringt und ein *i* anhängt. Analog entsteht aus "Positron" die Bezeichnung *Iposronti*. Da die Masse $m_t$ in der Nähe des Maximums der Kraft liegt, bilden Teleronki und Iposronti sehr fest gebundene Dipole, die als *Teleronkidipol* bezeichnet werden. Die Bindungsenergie dieser Dipole beträgt etwa zwei Elektronenmassen. Die Quanten dieser Wechselwirkung kann man auch als eine Art Gluonen bezeichnen.
Durch die Massen $m_t$ und $m_e$ wird die Masse $m_0$ *asymmetrisch* geteilt.

## 3 Das Schalenmodell von Proton und Neutron

Die bisher bekannten Elementarteilchenmassen sind *nicht* ganzzahlig in der Masse von Neutron und Proton enthalten. Die Probe mit der neu berechneten Elementarmasse $m_t$ ergibt:

$$\frac{m_n}{m_T} = \frac{1674.9286 \cdot 10^{-30}\,kg}{1.1580788 \cdot 10^{-30}\,kg} = 1446.1571 \quad (3.1)$$

$$\frac{m_p}{m_T} = \frac{1672.6251 \cdot 10^{-30}\,kg}{1.1580788 \cdot 10^{-30}\,kg} = 1444.1664 \quad (3.2)$$

Zwischen (3,1) und (3.2) ergibt sich eine Differenz von $\Delta = 1{,}99068 \approx 2$. Aus der Rechnung folgen die natürlichen Zahlen 1446 und 1444. Die Analyse dieser Zahlen ergibt, dass $1444 = 2^2 \cdot 39^2$ eine Quadratzahl ist.
Durch die Differenz 2 kann man jetzt annehmen, dass Proton und Neutron aus *Teleronki*-Dipolen aufgebaut sind. Das Proton besteht demnach aus 722 und das Neutron aus 723 Dipolen. Für die Zahl 722 kann man folgende Summenformel aufschreiben

$$S_n = \sum_{n=1}^{19} [n^2 (n-1)^2] = 722 \quad (3.3)$$

Nun ist aber nach der Formel

$$S_n = \sum_{n=1}^{[illegible]} 2n^2 \quad (3.4)$$

das Periodensystem der Elemente aufgebaut. Es besteht, wie man sieht, eine gewisse Ähnlichkeit zwischen den beiden Formeln. Nimmt man nun für das Proton einen derartigen Schalenaufbau an, so besitzt die 19. Schale $2 \cdot (19^2 - 18^2) = 74$ Teleronki-Dipole. Beim Neutron kommt noch ein Dipol auf der 20. Schale hinzu. Da sich der Teleronkidipol auf der 20. Schale des Neutrons relativ frei bewegen kann, hat das Neutron als ungeladenes Teilchen auch magnetische Eigenschaften.
Nun sollen die Verhältnisse von Neutron bzw. Proton zum Elektron angegeben werden. Man erhält:

$$\frac{m_n}{m_e} = \frac{m_n}{m_T} \cdot \frac{m_T}{m_e} = 1446 \cdot \frac{[illegible]}{1 - [illegible] + [illegible]} = 1838.5105 \quad (3.5)$$

Der experimentelle Wert ist: 1838,6836. Ebenso ist

$$\frac{m_P}{m_E} = \frac{m_P}{m_T}\cdot\frac{m_T}{m_E} = 1444\cdot\frac{[illegible]}{1-[illegible]+[illegible]} = 1835.9676 \qquad (3.6)$$

Der experimentelle Wert ist: 1836,1526
Auch die spezifische Ladung des Elektrons kann man nun berechnen. Man erhält:

$$\frac{e}{m_E} = \frac{e_\gamma\sqrt{4\pi m_E}}{m_E\left(1-[illegible]+[illegible]\right)} = \sqrt{G_\gamma}\,\frac{\sqrt{4\pi m_E}}{1-[illegible]+[illegible]} = 1.75884554\cdot 10^{11}\,Ckg^{-1} \qquad (3.7)$$

Der experimentelle Wert beträgt $e/m_e(\exp) = 1{,}75882017\cdot 10^{11}$ Ckg$^{-1}$. Man sieht hier, dass die Kopplungskonstante $\sqrt{G_\gamma}$ den physikalischen Sinn einer spezifischen Ladung hat.

# 4 Der Massendefekt im Atomkern

Nachdem die inneren Verhältnisse der Elementarteilchen des Periodensystems aufgeklärt wurden, ist noch zu den inneren Verhältnissen des Atomkerns Stellung zu nehmen.
Die wichtigste Erscheinung im Atomkern ist der Massendefekt. Er kann aus dem Schalenmodell von Proton und Neutron erklärt werden, wenn man die überschüssige Ruhmasse des Teleronkis gegenüber der des Elektrons in Betracht zieht. In **FIG 2** ist der Massendefekt der Elemente des Periodensystems in Abhängigkeit von der Kernladungszahl dargestellt. Die experimentellen Daten (Punkte) wurden nach der Atommassentabelle

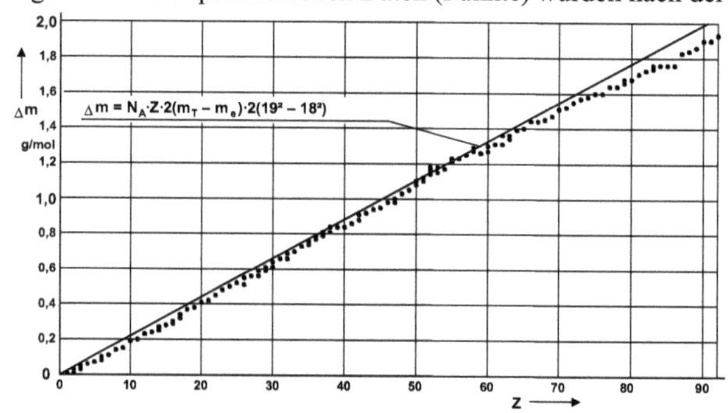


**FIG 2.** Abhängigkeit des Massendefekts (Δm) von der Kernladungszahl (Z) ($m_T = m_t$)

ausgewählter Isotope [3] berechnet. Man kann erkennen, dass sich dieser Massendefekt an der Grenzlinie orientiert

$$\Delta m = N_A\cdot Z\cdot 2(m_t - m_e)\cdot 2(19^2 - 18^2) = 2{,}20383022\cdot 10^{-2} \qquad (4.1)$$

Z - Kernladungszahl; $m_t$ und $m_e$ – Masse des Teleronkis und des Elektrons und $19^2 - 18^2$ Differenz zwischen letzter und vorletzter Schale im Proton ($\Delta m$: Massendefekt; $N_A = 6{,}0221367\cdot 10^{23}$ mol$^{-1}$: Avogadrosche Konstante)

Wenn man vom Schalenmodell von Proton und Neutron ausgeht, sind auf der 19. Schale von Proton und Neutron 74 Teleronki-Dipole, mit der negativen Ladung nach außen gerichtet, vorhanden. Die Ladung des Protons befindet sich über dieser Schale, also nicht im Zentrum.

Mit dieser Ladung können nun die Neutronen anziehend reagieren und werden so nahe an das Proton herangebracht (ca. $10^{-15}$ m), dass die äußeren Teleronki in Kontakt miteinander treten und Pionen austauschen können. Nun macht sich die abstoßende Wirkung der Dipole bemerkbar, die eine Beschleunigung der Drehbewegung von der Größenordnung $10^{31}$ $m \cdot s^{-2}$ hervorruft. Bei dieser Beschleunigung verlieren die Teleronkipaare die überschüssige Masse gegenüber dem Elektron. Durch Überlappung werden Proton und Neutron aneinander gebunden. Die freiwerdende Energie tritt als Bewegungsenergie des gesamten Systems in Erscheinung.

Das ist offensichtlich die Hauptkomponente des Massendefekts.

Wenn man den Massendefekt auf alle Nukleonen verteilt, bekommt man an Stelle einer geraden eine gekrümmte Linie. Die Proportionalität mit der Kernladungszahl deutet jedoch daraufhin, dass der Massendefekt im wesentlichen zwischen einem Proton und einem Neutron zustande kommt. Bei $Z = 1$ gibt Gleichung (4.1) den Massendefekt der Verbindung von Proton und Neutron in der Mitte einer unendlich langen Proton-Neutron-Kette an.

Durch ihren überschüssigen Teleronkidipol können auch Neutronen untereinander mit Massendefekt reagieren, wenn sich ein Teleronkiquadrupol bildet.

Außerhalb des Kerns ist das Neutron instabil. Das rührt offensichtlich daher, dass der Teleronkidipol der 20. Schale mit der positiven Seite zum Mittelpunkt des Kerns gerichtet ist. Beim Zerfall wird dann das Elektron nach außen geschleudert, während das Positron nach innen geht und durch Rotation auf der 20. Schale annihiliert wird. Durch das elektrostatische Feld der Protonen im Kern wird der Teleronkidipol um ca. 90° gedreht und dadurch das Neutron stabilisiert. Bei einer Drehung um 180° werden Positronen freigesetzt. Bei anderen Winkeln trägt das Elektron bzw. Positron nur einen Teil der Energie mit sich. Der andere Teil der Energie wird dann als Neutrino abgegeben.

Offensichtlich lässt sich das Teleronki in das Strukturmodell des Periodensystems der chemischen Elemente nahtlos einordnen, wodurch dieses System zu einem abgeschlossenen System wird, das aus zwei Elementarteilchen, dem Elektron und dem Teleronki, besteht.

Es wurde Gezeigt, dass man den Atomkern bis in die Einzelheiten anschaulich beschreiben kann. Das Gleiche ist auch mit der Atomhülle machbar, wenn man sich Mühe gibt und nicht fortgesetzt voneinander abschreibt.

Auch Einstein ist angesichts des GOM-Projekts dagehend zu überprüfen, wo er Spinner und wo er Realist ist. Auf dem Gebiet der Zeitdillatation ist er Realist. Diese Sache wird, wenn auch zögerlich, von der Wirtschaft genutzt. Betüglich der imaginären Raumzeit ist er Spinner. Die Mitarbeiter des GOM-Projekt sollten ein Buch zum Thema „Relatitätstheorie. Einsteins Verdieste und deren Kritk“ verfassen.

# 5 Die Rotverschiebung

Wie bereits erwähnt, können Licht und Gravitationsfeld wechselwirken. Bei dieser Wechselwirkung entsteht zwischen Licht und Gravitation eine Art Reibung, die zum Energieverlust des Lichts führt (Rotverschiebung). Je weiter das Objekt vom Beobachter entfernt ist, umso größer ist die Rotverschiebung. Die bei diesem Prozess entstehende Wärme erscheint dann als 2,7 K – Hintergrundstrahlung.

Die Rotverschiebung ist nicht zwingend auf den Dopplereffekt zurückzuzuführen und kann im Weiteren nicht mehr als Fakt für die Ausdehnung des Weltalls herangezogen werden.

Damit ist die Urknallhypothese, die 1931 von dem katholischen Priester Lemaître über „Nature“ in die Welt gesetzt wurde, widerlegt.

Unter diesen Umständen muss man von einem ewigen Kosmos ohne Anfang und Ende ausgehen.

Seit etwa 10000 Jahren gibt es schriftlich überlieferte Religion. Die überwiegende Zahl der auf der Erde lebenden Menschen ist gläubig. Die meisten glauben an ein übergeordnetes Wesen außerhalb des Kosmos.
Da muss also was dran sein.
Die Problemlösung mittels des Kalten Krieges ist gescheitert.
Man sollte eine andere Lösung suchen.
Wenn man an ein Wesen außerhalb des Universums annimmt, so hat das Universum einen Anfang und ein Ende und der Gott selbst wird dann zum Universum, was widersinnig ist, weil man unendlich oft die Frage nach dem Davor und Danach stellen kann.
Diesem Gedankengang kann man nur schwer folgen.
Bringt man aber den Gott im Universum unter, indem man definiert:

*Gott ist identisch mit dem Naturgesetz,*

so erhält man ein in Raum und Zeit unendliches Universum, also ein Universum ohne Anfang und Ende.
Das Weltall ist stets in Bewegung. Das Werden und Vergehen kann gut beoachtet werden. Auf der einen Seite bildet sich aus einer Wasserstoffwolke ein Stern, der dann als Nova untergeht. Es bilden sich Neutronensterne, die wieder in Wasserstoff zerfallen.
Das Werden, wie auch das Leben, widerspricht dem Entroüpesatz. Würde der II Hauptsatz der Thermodynamik auch für das gesamte Weltall gelten, so wäre schon lange ein maximales Chaos erreicht.
Das ist aber nicht der Fall.
So sollte man den Entropiesatz für das Weltall auch als Erhaltungssatz formulieren.

# 6 Mechanismus zur Erzeugung der Bioelektrizität (Genetisches Element)

Die in der lebenden Substanz vorkommenden Aminosäuren bestehen zu 99% aus α-Aminosäuren. Die einfachste dieser Aminosäuren, das Alanin, lässt sich wie folgt darstellen:

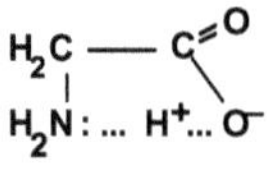


Einfachste α-Aminosäure (Alanin)

Durch die Punkte wird eine intramolekulare Wasserstoffbrückenbindung dargestellt
Diese Verbindung wird auch als Zwitterion bezeichnet.
Nun wurde durch Experimente festgestellt, dass die Wasserstoffbrückenbindung etwa zehn mal schwächer ist als die kovalente NCCO-Bindung. Demnach wird die Wasserstoffbrückenbindung stärker als die kovalente Bindung von der thermischen Bewegung des Mediums (z. B. Wasser) beeinflusst.
Durch die Wasserstoffbrückenbindung nimmt das Proton nicht vollständig an der chaotischen Wärmebewegung des Mediums teil, sondern wird sich bevorzugt zwischen dem Stickstoff und Sauerstoff hin und her bewegen.
Durch diese Bewegung wird die *kovalente* Bindung NCCO nach beiden Seiten hin polarisiert, d. h. es findet eine Bewegung in der Elektronenhülle der Bindung NCCO statt. Weil jede bewegte Ladung ein Magnetfeld erzeugt, entsteht aus der Wärmebewegung des Mediums ein elektromagnetisches Feld.

Dieser Vorgang widerspricht offensichtlich dem II. Hauptsatz der Thermodynamik, wenn die Erde als geschlossenes System betrachtet wird.
Bei $\beta$-Aminosäuren, beispielsweise des Typs

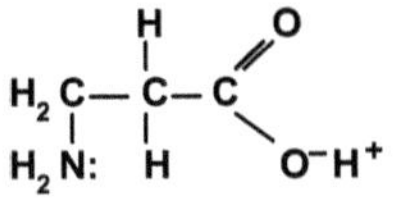

Einfachste $\beta$-Aminosäure

funktioniert dieser Vorgang offensichtlich nicht.
Bei α-Aminosäuren des Typs

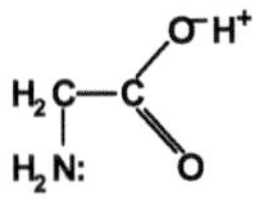

Optisch linksdrehende α-Aminosäure

funktioniert der oben beschriebene Mechanismus nicht so gut. Deshalb kommen Razemate in der Natur nicht vor.
Aus diesem Grund wird die α-Aminosäure (rechtsdrehend) mit dem Bewegungsvorgang im Wasser als *genetisches* Element bezeichnet.

# 7 Zusammenfassung

Ausgehend von den relativistischen Kraftgesetzen wird ein Teilchen berechnet, dessen Masse ganzzahlig in der Protonen- und Neutronenmassee enthaltenist. Dieses Teilchen wird als Teleronki bezeichnet, Demnach steht das Atom aus zwei Teichen.
Die Rotverschiebung wird auf die Wechselwirkung zwischen Licht und Gravitation zurückgeführt. Je weiter das Objekt von Beoachter weg ist, umso größerist die Rotverschiebung.
Es wird ein Mechanismus zur Erzeugung der Bioeletrizität entwickelt.
KW: Teleronki, Rotverschiebung, genetischesElement

# 8 Schlussfolgerungen

1. Das Periodensystem der Elemente besteht aus 2 massiven Teilchen, dem Elektron und dem Teleronki.
2. Die künstlich erzeugten Elementarteilchen werden für den Aufbau der Welt nicht gebraucht.
3. Wegen 2. ist das Standardmodell der Elementarteilchen überflüssig.
4. Ein Mechanismus wird entwickelt, demzufolge aus Wärmeenergie Elektrizität erzeugt werden kann. Dieser Mechanismus wird als genetisches Element bezeichnet.

# 9 Literatur

[1] Meissner, R.; *Die Begrenzung der Beschleunigung und ihre Folgen. Die Herleitung der relativistischen Kraftgesetze:* The General Science Journal, Archiv: http://wbabin.net/weuro/meissner.pdf

[2] Meissner, R.: *Die Weltformel. Ein Formulierungsvorschlag*, Tönning: Der Andere Verlag. 2010 (Deutsch und Englisch)

[3] Simon, G., Mende, A. : *Physik.. Gleichungen und Tabellen*; Fachbuchverlag Leipzig: 1996.

Roland Meissner, Bodestraße 7, D-06122 Halle, Germany, E-Mail: rolandmeissner@gmx.de

# Das duale Prinzip (Dialektik)

Das duale Prinzip zieht sich durch die gesamte Welt.
In der Physik muss dieses Prinzip noch fußfassen. Dort gibt es z. Z. noch drei unabhängige Naturkonstanten: die Lichtgeschwindigkeit (c), die Elementarladung (±e) und die Gravitationskonstante ($G_N$). Diese drei Größen können aber auf Grund der Satzes der Mathematik: „Aus zwei unabhängigen Größen kann man eine dritte Größe berechnen" nicht unabhängig von einander sein. Zwischen diesen drei Konstanten muss es also eine Relation geben. Durch Probieren kann man ermitteln, dass diese Relation wie folgt formuliert werden muss: Das Produkt der Zahlenwerte der Lichtgeschwindigkeit und der Gravitationskonstanten ergibt eine natürliche Zahl. Damit kann $G_N$ aus der Lichtgeschwindigkeit berechnet werden. Es bleiben nun nur noch c und ±e als unabhängige universelle Naturkonstanten übrig.
Auch die Maßeinheiten kann man dualisieren. Wenn es keinen Unterschied zwischen träger und schwerer Masse gibt, so kann man in den entsprechenden Gleichungen einmal die Masse herauskürzen und die Masse durch Raum und Zeit ausdrücken. Die Masse wird dann zu einer besonderen Erscheinungsform von Raum und Zeit. Es bleiben dann als Maßeinheiten nur noch Meter (m) und Sekunde (s) übrig.
Auch die Teilchen, die das Periodensystem der Elemente bestimmen, kann man auf zwei reduzieren: das Elektron und das Teleronki. Die Elektronen bilden die Atomhülle, während die Teleronkis den Kern gestalten.
Die Allgemeine Feldtheorie wird auch auf der Basis des dualen Prinzips hergeitet.
Quelle: Grundzüge einer neuen Physik [1].
Schon seit langem ist der Physik bekannt, dass das Drei- und Mehrkörpersystem nicht berechenbar ist. Das Sonnensystem ist ein Mehrkörpersystem. Dessen ungeachtet kann man die Bahnen der Planeten und Monde sehr genau berechnen, weil diese Himmelskörper so angeordnet sind, dass sich
immer mit hoher Genauigkeit ein Zweikörpersystem berechnen lässt (duales Prinzip).
Auch in der belebten Natur ist das duale System allgegenwärtig.
Es gibt Mann und Frau, die ein Paar bilden. Männlein und Weiblein gib es im gesamten Tierreich, auch bei den primitiven Insekten. Im Platzenreich gibt es auch die Zweigeschlechtigkeit. Die Einzeller spalten sich in zwei Individuen.
In der Natur ist also das duale System durchgängig nachweisbar.
In der Gesellschaft gibt es den demokratischen Staat und die Wirtschaft.
Charakteristisch für den demokratischen Staat ist das Parlament mit Regierung und Opposition. Auch hier greift das duale Prinzip. Leider fehlt noch eine Beschreibung des demokratischen Staates auf der Grundlage der dialektischen Logik.
In der Wirtschaft gibt es Arbeitnehmer und Arbeitgeber. Beide bekriegen sich ständig, können aber ohne einander nicht existieren. Dieses Verhältnis wird im „Das Kapital" [2] ausführlich beschrieben. Obwohl dieses Werk schon 150 Jahre alt ist, ist die Beschreibung der Wirtschaft durch Marx heute noch gültig [2].
Auch in der Computertechnik wird das duale Prinzip sehr erfolgrech angewandt.
Es wurde gezeigt, dass das duale Prinzip allgegenwärtig ist. Nur die Theoretische Physik will die Einführung des dualen Prinzips unter allen Umständen verhindern, obwohl das entsprechend der Auflistung als selbstverständlich erscheint.
Ich bin z. Z. weltweit der einzige, der das duale Prinzip in die Theoretische Physik einführt. Das bedeutet, dass die Physik fundamental kritisiert wird.

**Literatur**

[1] Meissner, R.: *Grundzüge einer neuen Physik*; München: Grin Verlag 2013.
[2] Marx, K. : *Das Kapital*; Köln: Anaconda Verlag 2009

# Zur Diskussion über die rückläufige Zeit

## 1 Einleitung

Die Diskussion über die rückläufige Zeit wurde von *Gödel* 1949 initiert. Er stellte die EINSTEINschen Gleichungen in Zylinderkoordinaten dar und postulierte eine kreisförmige Weltlinie, bei der Anfang und Ende identisch sind, woraus sich ergibt, dass die Zeit *zwei* Richtungen haben kann.
Es wurde nicht berücksichtigt, dass man die Weltlinie auch spiralförmig um den unendlichen Zylinder winden kann, woraus sich nur *eine* Zeitrichtung ergibt.
Zum Thema "negative oder rückläufige Zeit" gibt es eine Vielzahl von Literaturquellen. Stellvertretend für die anderen sei die aktuelle Quelle in "Bild der Wissenschaft" (bdw) 04/2005 mit dem Übersichtsartikel "Die 7 Rätsel der Physik" angegeben [1].
In dieser Abhandlung geht es darum, an Hand der Speziellen Relativitätstheorie (SRT) nachzuweisen, dass es eine negative Welt (Antiwelt) generell nicht geben kann, obwohl der für diese Theorie charakteristische Wurzelausdruck

$$\beta = \pm\sqrt{1-\frac{v^2}{c^2}} \qquad (1)$$

prinzipiell auch ein negatives Vorzeichen hat.

## 2 Theorem

Es wird folgendes *Theorem* formuliert:

*Nach der SRT gibt es eine negative Fläche und Geschwindigkeit dann und nur dann,wenn v > c ist.*

## 3 Beweis

Gemäß SRT gilt für die Länge

$$l_1 = \pm\sqrt{1-\frac{v^2}{c^2}}\,l \qquad (2)$$

und für die Zeit

$$t_1 = \frac{1}{\pm\sqrt{1-\frac{v^2}{c^2}}}\,t \qquad (3)$$

Für dic Flächc crhält man dann:

$$l_1^2 = F_1 = +\left(1-\frac{v^2}{c^2}\right)l^2 \qquad (4)$$

und für die Geschwindigkeit:

$$\frac{l_1}{t_1} = v_1 = +\left(1-\frac{v^2}{c^2}\right)\frac{l}{t} \qquad (5)$$

Eine negative Fläche und Geschwindigkeit erhält man, wie leicht ersichtlich, dann und nur dann, wenn v > c.
Aus (2) wird dann:

$$l_1 = +i\sqrt{1-\frac{v^2}{c^2}}\,l \tag{6}$$

und aus (3):

$$t_1 = -\frac{i}{\sqrt{1-\frac{v^2}{c^2}}}\,t \tag{7}$$

mit

$$i^{-1} = -i \tag{8}$$

($i = +\sqrt{-1}$; imaginäre Einheit)
Während die Länge positiv bleibt, wird die Zeit negativ; beide sind aber *imaginär*. q. e.d

**4 Diskussion**

Man hat es hier mit den unumstößlichen mathematischen Gesetzen

$$(-1)\cdot(-1) = +1 \quad \textit{und} \quad \frac{(-1)}{(-1)} = +1 \tag{9}$$

zu tun.
Wäre die Welt als Ganzes planspiegelsymmetrisch, müsste gelten:

$$(+1)\cdot(+1) = -1 \quad \textit{und} \quad \frac{(+1)}{(+1)} = -1 \tag{10}$$

was offensichtlich falsch ist.
Daraus folgt, dass für eine reelle Welt nur die positiven Vorzeichen der SRT Gültigkeit haben. Die Welt als Ganzes kann also nicht durchgängig planspiegelsymmetrisch sein. Eine negative bzw. rückläufige Zeit gibt es nur in der Vorstellung nicht in der realen Welt.
Die doppelte Verneinung spielt nicht nur in der Sprache sondern auch in der Philosophie eine bedeutende Rolle (s. [2] und [3]).
Es sind insbesondere in der Elementarteilchenphysik einige Verletzungen der Planspiegelsymmetrie bekannt geworden.
Bezüglich der Symmetrieverletzung beim Zerfall des Neutrons im Atomkern (schwache Wechselwirkung) ist es gelungen, diese auf eine höhere Symmetrie, die sphärisch-hyperbolischen Symmetrie, zurückzuführen. Dort werden zyklische und hyperbolische Funktionen nach der HEGELschen dialektischen Logik [2] unter einen gemeinsamen Schirm gebracht.
Die anderen Symmetrieverletzungen werden wohl darauf zurückzuführen sein, dass die Welt als Ganzes, wie oben nachgewiesen, nicht planspiegelsymmetrisch ist.
Wenn man die Zeit aus dem Gesamtzusammenhang herausnimmt und diese willkürlich, d. h. ungesetzlich, mit einem negativen Vorzeichen versieht, so ist hier *negativ* als falsch, abartig, irrtümlich usw. zu übersetzen.
Die Diskussion über die negative Zeit ist also gleichzusetzen mit der Diskussion über den Äther im 19. Jahrhundert.

**5 Literatur**

[1] *Drexler,J.; Butscher, R.*: Die 7 Rätsel der Physik. bdw 04/2005
[2] *Hegel*: Logik
[3] *Engels, F.*: Dialektik der Natur. Marx/Engels: Werke, Bd. 20. Berlin: Dietz-Verlag

# Die Grenze des Wachstums
# Der Kollaps der Wachstumsfunktion

1972 wurde von D. Meadows und D. Meadows eine Studie über „Die Grenzen des Wachstums" veröffentlicht. Diese Studie bezieht sich ausschließlich auf das wirtschaftliche Wachstum auf der Erde. Daraus folgt natürlich, dass es *Befürworter* und *Gegner* dieser Studie gibt (s. Wikipedia). Es ist nun an der Zeit, diese Studie theoretisch zu durchleuchten und dem entsprechendes *Naturgesetz* zu formulieren.
Es gelingt nachzuweisen, dass *alle* Wachstumsprozesse in Natur und Gesellschaft ein Ende haben. Das lässt sich wie folgt herleiten:
Als sich die Finanzwirtschaft etablierte, setzte sich der große Euler hin, um zu verstehen, wie Zinsen entstehen. Er entwickelte eine Formel für die sofortige, augenblickliche, momentane Verzinsung (Zinseszins):

$$\lim_{n\to\infty} F(x) = \left(1+\frac{1}{n}\right)^{nx} = e^{x}$$

(n ist eine natürliche Zahl: 1,2,3,4 usw.).
Der Grenzwert

$$\lim_{n\to\infty} \left(1+\frac{1}{n}\right)^{n} = e$$

ist die Basis der Wachstumsfunktion. Das ist eine krumme, transzendente Zahl, die man nie genau ausrechnen kann. Die ersten Ziffern sind 2,7. Diese Zahl spielt aber in der Mathematik eine außerordentlich große Rolle.
Diese Formel gilt auch für die Einheit des Kapitals, z. B. 1€.
Für ein beliebiges Ausgangskapital $F_0(x)$ gilt dann:

$$F(x) = F_0(x)e^{x}$$

Die Erfahrung zeigt nun, dass *jede* Wachstumsfunktion kollabiert.
Ausgehend von der Elektrodynamik, kann man den Kollaps der Wachstumsfunktion herleiten und darstellen (s .Roland Meissner: Die Weltformel. Ein Formulierungsvorschlag; Tönning: Der Andere Verlag, 2010. ISBN: 978-89959-990-9).
Dort ist insbesondere Bild 1 hervorzuheben, das den Kollaps *aller* Wachstumsfunktionen darstellt.
Wenn man den modifizierten Wurzelausdruck aus der Elektrodynamik in die obige Formel einsetzt, erhält man:

$$F(x) = F_0(x)e^{x}\sqrt{1-\frac{e^{x}}{e^{x_0}}}$$

$x_0$ ist dann hier die kritische Rendite, bei der das gesamte Kapital verloren geht( F(x)=0).
Schwierig wird sicherlich, die genaue kritische Rendite festzulegen. Man wird wohl Erfahrungswerte zu Grunde legen müssen. Das Wissen allein, das es ein solches Naturgesetz gibt, ist schon etwas wert. Als Beispiel wird folgender rein theoretischer Prozess dargestellt:

In einem leeren Teich am 1. Tag wächst 1 Seerose, am 2. Tag wachsen 2 Seerosen, am 3. Tag wachsen 4 Seerosen, am 4.Tag wachsen 8 Seerosen usw. Am 30. Tag ist der Teich voll. Am welchen Tag ist er halb voll ?
So das Rätsel aus dem Volksmund.
Hier geht es aber um etwas anderes:
Was geschieht am 31. Tag?
Die Wachstumsfunktion kollabiert, denn ein weiteres Wachstum ist nicht möglich, weil der Teich voll ist.
Das ist das Schicksal *jedem* Wachstums, auch der Schulden.
Ein unendliches Wachstum ist in Natur und Gesellschaft nicht möglich.

# Anhang: Interview

## Die psychiatrisch relevanten abnormen Auffälligkeiten der Physiker

## Ein Interview

Der Patient Dr. Roland Meissner ist mir seit Längerem bekannt. Dabei kam auch in den Gesprächen zum Ausdruck, dass er sich mit Theoretischen Physik befasst. Während seiner Arbeiten, die er privat durchführte, kam er zu dem Schluss, dass die derzeitige Physik von Anfang an falsch ist.

Dr. Adler:
Wie sind Sie auf die Idee gekommen, sich als Chemiker mit der Theoretischen Physik zu befassen?

Dr. Meissner
Schon als Kind habe ich mich für die Naturwissenschaften interessiert. Als ich 10 Jahre alt war schenkte mir mein Vater ein Physik- und ein Chemieschulbuch. Zu diesem Zeitpunkt gab es noch keinen Schulunterricht in diesen Fächern.
Mir gefiel zuerst die Chemie besser als die Physik. In der Chemie konnte man die Reaktion verfolgen, in der Physik waren es nur die langweiligen Bewegungen des Pendel, die man beobachten konnte.
Übrigens hat mich damals der Apotheker mit Chemikalien und Reagenzgläsern versorgt; selbstverständlich kostenlos, weil ich Interesse an seinem Beruf zeigte.
Später hatte ich mich auch, inspiriert von meinem Bruder, mit der Elektrizität befasst (Berechnen und Wickeln von Transformatoren). Dann bauten wir als Schüler Radios, die heute noch funktionstüchtig sind. Als ich zum Studium zugelassen wurde, entschied ich mich erst einmal für die Chemie, habe dann aber die Spezialfachrichtung physikalische Chemie gewählt, weil es dort Probleme gibt, die gelöst werden müssen.
Nach dem Studium hatte ich mir eine Planstelle bei der Akademie der Wissenschaften besorgt. Dort durfte ich aber nicht hin, weil ich vom Ministerium in die Leuna-Werke delegiert wurde. Ich musste also die wissenschaftliche Laufbahn unterbrechen. Ich habe die Gelegenheit genutzt und Geld verdient (jährlicher Gehaltszuwachs 10%). Als ich nach 5 Jahren am Ende meiner Planstelle war, habe ich mich nach einer anderen Arbeit umgesehen, mit meinem überdurchschnittlich hohen Gehalt aber nichts gefunden. Man sagte, man könne sich die Arbeit nicht mitbringen. Daraufhin ließ ich mich berenten, damit ich mich mit der Wissenschaft befassen konnte. Ich hatte nach ausführlichen Recherchen festgestellt, dass es in der Physik grundsätzliche Probleme gibt.

Dr. Adler:
Welche Probleme waren das?

Dr. Meissner:
Schon seit dem Studium war mir nicht klar, warum es keine Begrenzung der Beschleunig geben durfte, wo doch die Geschwindigkeit durch Geschwindigkeit des Lichts begrenzt war. Ich hatte dann bald auf Grund der Beschränkung der Beschleunigung das Teleronki-Modell herausgefunden, welches bei Anwendung die Elementarteilchenphysik wesentlich vereinfacht hätte.

Jedem angesäuseltem Biertrinker vor der Kaufhalle kann man klarmachen, dass bei Erreichen der Lichtgeschwindigkeit kein Geschwindigkeitszuwachs mehr möglich ist, dass also die Beschleunig dort identisch gleich Null sein muss.
Die Physiker sind nicht in der Lage, diesen Sachverhalt zu begreifen, wie ein Gutachten der Russischen Akademie der Wissenschaften belegt.
Das ist doch eine Art von Schwachsinn.
Die Physiker sind doch hier nicht ganz dicht.

Dr. Adler:
Haben Sie schon mal versucht, Ihre Arbeit zu veröffentlichen?

Dr. Meissner:
Ja, unzählige Male. Zuletzt im Februar 2011. Da hat mir der Chefredakteur der Zeitschrift „Annalen der Physik“ ohne Angabe von Gründen ein generelles Publikationsverbot erteilt. Dieser Fakt belegt auch die Nichtzurechnungsfähigkeit der Physiker.

Dr. Adler:
Sie tragen ein T-Shirt mit dem Aufdruck: Weltformel y´´+/-y=0. Das hat doch auch etwas mit der Physik zu tun.

Dr. Meissner
In der Tat.
Seit Einstein suchen die Physiker nach der sogenannten Weltformel.
Diese Formel soll alle Arten der Wechselwirkung in sich vereinigen. Kurz gesagt, die Weltformel soll die zyklischen elektrodynamischen Kräfte mit der hyperbolischen Gravitationskraft zusammenführen. Bei meinen Arbeiten bin ich zufällig darauf gestoßen, dass diese Forderungen von der Differentialgleichung II. Ordnung erfüllt werden, deren einfachste Form auf dem T-Shirt wiedergegeben wird.
Der Witz liegt darin, dass sich die Physiker laut Presseberichten die Weltformel so einfach vorstellen, dass sie auf ein T-Shirt passen soll. Jetzt wird geliefert, und da will man das nicht haben. (Die Zeitschrift „Annalen der Physik“ hat die Veröffentlichung aus nichtigem Grund abgelehnt.)
Das ist doch auch etwas für den Psychiater.

Dr. Adler:
Nach dem zu urteilen, was Sie bisher dargestellt haben, haben Sie ein gestörtes Verhältnis zur Physik. Wie stehen Sie allgemein zur Physik?

Dr. Meissner:
Die Physik als exakte messende Wissenschaft wird überhaupt nicht Zweifel gestellt. Eine Vielzahl von Instituten betreibt zwar Forschung auf Kosten des Steuerzahler, nach den Berichten zu Folge finden diese Forschungen aber eine Anwendung zum gesamtgesellschaftlichen Nutzen.
Was mich stört, ist die maßlose Spinnerei der Theoretischen Physik auf Kosten des Steuerzahlers und dass diejenigen, die dies kritisieren, Publikationsverbot ausgesprochen bekommen.
Zu den maßlosen Spinnereien gehören die Stringtheorie, die Schleifenquantengravitation, die Theorie der dunklen Materie u. v. a.
Völlig abgehoben vom experimentellen Befund, will man einzig und allein auf Grundlage der Schrödingergleichung die Welt beschreiben. Wie von mir nachwiesen wird, ist das ein sinnloses Unterfangen.

Die theoretischen Physiker haben selbst ausgerechnet, dass sie das Weltall noch mindesten 1.00.000.000 Jahre untersuchen können. Das muss nicht von heute auf morgen mit sehr hohen Kosten für den Steuerzahler geschehen. Ich hatte bereits vor 30 Jahren das Teleronki-Modell einwickelt und zur Veröffentlichung eingereicht. Das wurde aber ohne Angabe von Gründen abgelehnt. Wenn dieses Modell akzeptiert wird, kann man die Elementarteilchenphysik schließen. Das darf aber offensichtlich nicht sein, weil da hunderte Milliarden $ schon hätten eingespart werden können.

Dr. Adler:
Die Politiker genehmigen doch diese Steuermittel. Tun sie das wider besseres Wissen?

Dr. Meissner
Ja und nein.
Man kann nicht verlangen, dass die Politiker die Höhenflüge der Theoretisch Physik verstehen.
Es gibt aber Experten, die eine solche Einschätzung vornehmen können. Ich hatte mich vor längerem an die Physikerin Frau Dr. Merkel gewandt. Frau Dr. Merkel antwortete, eine Vielzahl von Physikern habe sich an sie angewandt und um Unterstützung bei der Veröffentlichung ihrer kritischen Arbeiten gebeten. Sie könne aber kundenwerberisch nicht tätig werden, hatte sie ausgeführt.
Die Regierung ist also über den Zustand der Theoretischen Physik informiert, tut aber nichts Konstruktives, um den Zustand zu verändern.
Die Theoretische Physik ist für mich ein hermetisch abgeschlossenes Raumschiff, das vom Staat gemästet wird und aus dem nur Fäkalien heraus kommen. Um Bewegung in die Sache zu bekommen, müssten die Politiker den Geldhahn zudrehen, aber das wollen die unter gar keinen Umständen.
Die Politiker sind auch irgend wie zurechnugsunfähig.

Dr. Adler
Zum Betreiben der Atomreaktoren wurde doch eine erhebliche Menge an Steuergeldern investiert. Jetzt werden sie außer Betrieb gesetzt, und die erneuerbaren Energien werden wieder vom Steuerzahler subventioniert. Könnte da nicht auch die Wirtschaft einen Beitrag für die physikalisch-technische Forschung leisten?

Dr. Meissner
In der Tat, die Wirtschaft könnte einen Beitrag leisten, insbesondere bei der Abfallbeseitigung.
Für den Atommüll gibt es weltweit keine Endlagerung und wird es auch nicht geben.
Um mit dem heute erzeugten Atommüll nicht die Generationen in Millionen Jahren zu belasten, muss der langlebige Atommüll konzentriert und mit einer Rakete auf die Sonne befördert werden.
Die Wirtschaft zeigt Ansätze einer Beteiligung durch Versorgungraketen zur Internationalen Raumstation.
Ein anderes Problem sind die riesigen Müllhalden des Haushaltsmülls. Auch hier gibt es Möglichkeiten der Wirtschaft, die ingenieurtechnischen Arbeiten zur Schaffung einer Müllverbrennungsanlage nach dem Prinzip eines Massenspektrographen zu unterstützen (Wirtschaftspatente!).

Dr. Adler:
Ich glaube, wir sind vom Ausgangspunkt Ihrer Beschwerde abgerückt. Welche Möglichkeiten sehen Sie, um die derzeitige Veröffentlichungspraxis der Theoretischen Physik abzuändern?

Dr. Meissner:
Ich habe erschöpfend alle Möglichkeiten (Recht, Politik...) überprüft. Eigentlich ist das ganz

einfach, wenn der Politische Wille vorhanden ist: Eine kleine Abänderung des Grundgesetzes. Artikel 5, Absatz (1), 1. Satz lautet: „Jeder hat das Recht, seine Meinung in Wort, Schrift und Bild frei zu äußern und zu verbreiten und sich aus allgemein zugänglichen Quellen ungehindert zu unterrichten."
Diesem Satz braucht man nur den Zusatz zu geben „an relevanter Stelle", so dass er dann lautet: „Jeder hat das Recht, seine Meinung an relevanter Stelle..."
In der jetzigen Fassung wird man wegen Nichtzuständigkeit auf eine unbewohnte Insel im Südpazifik verwiesen.
Wenn der Bundestag eine solche Verfassungsänderung vornehmen würde, könnte man dann den relevanten Redakteur wegen Unterdrückung der Meinungsfreiheit verklagen. Z. Z. hat der Autor gegenüber dem Redakteur keine Rechte. Der Redakteur kann sagen: „Ich lehne dein Manuskript ab, weil mir deine Nase nicht passt", und der Autor hat keinen Rechtsweg, um dagegen vorzugehen.
Ein solcher Beschluss des Bundestages ist nicht wahrscheinlich, so dass auch im Weiteren die Redakteure bestimmen, was Wissenschaft ist, und nicht die Autoren.